ZEITSCHRIFT FÜR ANGEWANDTE GEOLOGIE

HERAUSGEGEBEN VON
DER STAATLICHEN GEOLOGISCHEN KOMMISSION
UND DER ZENTRALEN VORRATSKOMMISSION
DER DEUTSCHEN DEMOKRATISCHEN REPUBLIK

AUS DEM INHALT

AKADEMIE-VERLAG · BERLIN

BAND 6 / HEFT 12
DEZEMBER 1960
SEITE 583—638

Die Zeitschrift für angewandte Geologie berichtet ständig ausführlich über folgende Arbeitsgebiete: Geologische Grundlagenforschung und Lagerstättenforschung / Methodik der geologischen Erkundung / Ökonomie und Planung der geologischen Erkundung / Technik der geologischen Erkundung / Geologie und Lagerstättenkunde im Ausland / Bibliographie, Verordnungen, Richtlinien, Konferenzen, Personalnachrichten

ZEITSCHRIFT FÜR ANGEWANDTE GEOLOGIE

CHEFREDAKTEUR: PROF. DR. E. LANGE

BAND 6 · DEZEMBER 1960 · HEFT 12

Transeuropäische Erdölleitung

Je mehr neue Wege die Wissenschaft für das Wachstum der Produktivkräfte erschließt, um so schneller wird die Wirtschaft der sozialistischen Länder den Wettbewerb mit der kapitalistischen Wirtschaft gewinnen. Nicht nur im Studium noch unbekannter Erscheinungen der Naturgesetze, sondern auch in der praktischen Anwendung der Erkenntnisse und in der Schaffung neuer technologischer Prozesse, Maschinen und Apparate kommt die Bedeutung der Wissenschaft zum Ausdruck.

Seit Jahrzehnten haben die Erdölgeologen und Bohrtechniker reiche Erdöllagerstätten im Ural—Wolga-Gebiet erkundet und zur industriellen Auswertung vorbereitet. Die Resultate dieser erfolgreichen geologischen Arbeiten ermöglichen es, dem Prinzip der gegenseitigen sozialistischen Wirtschaftshilfe entsprechend, die Volksdemokratien Polen, Ungarn, die ČSSR und die DDR mit großen Mengen Rohöl zu versorgen. Hierdurch wird deren Rohstoff- und Energiebasis verbreitert, und die an die Leitung angeschlossenen Länder können wesentlich schneller und rentabler ihre ökonomische Hauptaufgabe, dazu gehört der Ausbau ihrer chemischen Industriezweige, erfüllen.

Anfang August widmete die „Prawda" eine Sonderseite ihrer Ausgabe diesem größten kollektiven Bauvorhaben der sozialistischen Länder, an dem in brüderlicher Zusammenarbeit fünf Staaten des sozialistischen Lagers unter Führung der Sowjetunion arbeiten. Die von der Wolga bis zur Oder verlaufende Rohöl-Fernleitung hat ihre Kopfstation bei Kuibyschew, wo das in Tatarien und Baschkirien geförderte Rohöl gesammelt wird. In Rohren von 100 cm Durchmesser fließt es 1600 km bis nach Mosyr. Dort zweigt ein Arm der Leitung nach Ushgorod ab und verläuft weiter nach der ČSSR und Ungarn. Der zweite Zweig überquert bei Brest die sowjetisch-polnische Grenze und endet bei Schwedt an der Oder. Schon Anfang 1962 soll durch die eine Zweigleitung das erste Rohöl in die ČSSR fließen.

Ungarn nimmt in bezug auf die Rohölförderung unter den Volksdemokratien den zweiten Platz nach Rumänien ein. Trotzdem reichen seine Vorräte nicht zur Befriedigung des Inlandsbedarfes aus. Der ungarische Teil der Leitung, der aus der ČSSR kommt, wird 130 km lang werden. Unter Umgehung von Budapest führt er nach Saszalombat, wo mit sowjetischer Hilfe eine moderne Raffinerie an der Donau entsteht.

Bis Ende 1961 wird die 400 km lange durch die ČSSR führende Fernleitung verlegt sein, nachdem im August 1960 bereits 52 km fertiggestellt waren.

Von dem 675 km langen Leitungsstrang, der Polen durchqueren wird, werden 90 km im laufenden Jahr verlegt, das gesamte Bauwerk wird bis zum Ende 1963 vollendet sein. Die sowjetisch-polnische Zusammenarbeit ist besonders eng, und durch sie geht auch der Bau der Raffinerie bei Plock am Ufer der Weichsel rasch vonstatten.

Am linken Ufer der Oder entsteht in der DDR wenige Kilometer von Schwedt entfernt als großes chemisches Kombinat die Rohölraffinerie am Endpunkt der von der Wolga ausgehenden transeuropäischen Fernleitung. Auf den Hochschulen der UdSSR studieren bereits die aus der Arbeiterklasse stammenden zukünftigen Leiter des Kombinates.

In seiner Beilage „Aus Wissenschaft und Technik" gab das „Neue Deutschland" vom 22. 10. 1960 über die Weiterentwicklung der gigantischen Anlagen bei Schwedt bekannt, daß dort 1963 mit der Verarbeitung von 1,5 Mill. t Rohöl begonnen werden und daß die Durchsatzkapazität bereits 1965 vier Mill. t und 1970 acht Mill. t Rohöl erreichen soll.

So wird in einigen Jahren das Rohöl vom Ufer der Wolga zu den Ufern der Weichsel, der Oder und der Donau fließen und dort in den Großraffinerien und ihren petrochemischen Abteilungen zu hochwertigen Treibstoffen, Schmierölen, Plasten und Kunstfasern verarbeitet werden und so zur Deckung des inländischen und ausländischen Bedarfs bereitstehen.

Geologen fanden das Rohöl, Ingenieure bauen eine Transportleitung, Chemiker werden es in hochwertige Endprodukte umwandeln. So entsteht mit der transeuropäischen Rohöl-Fernleitung ein modernes Bauwerk wissenschaftlich-technischer Höchstleistung, das die beteiligten Volksdemokratien in vorbildlicher Zusammenarbeit unter Leitung sowjetischer Experten schaffen. Als Symbol der Völkerverbrüderung wird es seinen Teil dazu beitragen, unserem Ziel, der Erhaltung des Weltfriedens, zu dienen.

Genesis der Mineralwässer und ihre Auswertung für die Prospektion auf Erdöl und Erdgas

(am Beispiel der Untersuchung des karpatischen Flysches in der Ostslowakei)

Teil I

M. MICHALÍČEK & R. KVĚT, Brno

Einleitung

Betrachtungen über die Entstehung der Mineralwässer und der in ihnen gelösten Gase, Angaben über die Wasserdurchgasung mit Kohlendioxyd, Schwefelwasserstoff und Methan, Schlüsse über Abhängigkeit der Mineralwasserquellen — besonders der Schwefelwasserstoffwässer und der Säuerlinge — vom tektonischen Bau (von den Störungslinien und ähnlichem) bilden die Grundlage für eine umfassende geologische Bearbeitung der Erdölprobleme des Gebietes.

Die analytischen und kartographischen Untersuchungsergebnisse bilden sowohl eine geeignete Grundlage für Untersuchungen über die Entstehung der Mineralwässer mit Hilfe geochemischer Verfahren als auch eine Ergänzung und Bestätigung der von J. JANÁK (1955b, 1959) ausgearbeiteten „Theorie über Bildung und Metamorphose des chemischen Typs der Wässer in den Sedimentationsgebieten".

Im Jahre 1958 wurde in der Ostslowakei das Gebiet des karpatischen Flysches — der Bereich des ostslowakischen Magura-Flysches und der Dukla-Užok-Falten, im Norden bis zur tschechoslowakisch-polnischen und im Osten bis zur tschechoslowakisch-sowjetischen Grenze — geochemisch untersucht. Das Ziel der Bearbeitung waren die Feststellung von Bitumenanzeichen in den Oberflächenwässern, die Feststellung des Charakters und der Entstehung der Mineralwässer und der in diesen gelösten Gase, Informationen über den tektonischen Bau des Gebietes und anderes.

Allgemeine Theorie der Genesis der Mineralwässer

Die genetischen Erwägungen der Verf. basieren auf der von J. JANÁK (1955b, 1959) ausgearbeiteten „Theorie über Entstehung und Metamorphose der Mineralwässer in den Gesteinen", die auf folgenden Prinzipien beruht:

1. Lösungsprozesse (Auslaugung)

Die Auslaugung der Gesteine durch infiltrierende vadose Wässer wurde im allgemeinen bereits in den Arbeiten von M. G. WALJAŠKO (1955) und I. I. CHEBOTAREW (1955) erklärt. J. JANÁK nimmt diese Deutungen — allerdings mit dem Hinweis, daß, wenn die Kalksalze den Inhalt der Mineralstoffe regulieren, seiner Meinung nach das Endprodukt des Lösungsvorganges ein Kalziumsulfatwasser und kein Kalziumchloridwasser ist — als richtig an. Im Natriumzyklus endet dieser Vorgang mit der Entstehung des Natriumchloridwassers.

2. Ionenaustauschvorgänge (Kationenaustausch)

Die von J. JANÁK (1955 b, 1959) ausgearbeitete Theorie über die Ionenaustauschvorgänge im System Wasser—Gestein, die er durch zahlreiche Beispiele aus der Natur belegte, wurde dann von den Verf. (1956) durch Versuche bestätigt.

Die Theorie über die Bildung und Metamorphose des chemischen Typs der Wässer in den Sedimentgesteinen — die Grundlagen sind aus Abb. 1 ersichtlich — ist nach J. JANÁK (1959) durch folgende Gesetzmäßigkeiten charakterisiert:

1. Zwischen allen Wasserlagen wird ein dynamisches Ionen- und Konzentrationsgleichgewicht gebildet, das dauernd in allen Richtungen wirkt und einen Ausgleich der Unterschiede zur Folge hat (J. JANÁK 1955a).

2. Die Konzentration und der chemische Typ der Anionenkomponente der Wässer ist vom Produkt des Lösungsvermögens der Salze der anwesenden Kationen (M. G. WALJAŠKO 1954, 1955), d. h. von den Auslaugungsvorgängen, abhängig.

3. Die Konzentration und der chemische Typ der Kationenkomponente werden durch das Ionengleichgewicht im System Wasser—Gestein, d. h. durch Ionenaustauschvorgänge, reguliert.

Abb. 1 zeigt, daß die Entstehungs- und Umwandlungsvorgänge der Wässer I und II in zwei Richtungen verlaufen. Die chemische Zusammensetzung dieser Wässer ist vom chemischen Charakter der Sedimentgesteine und der Ionenaustauschkomplexe abhängig, mit denen die Wässer während des Einsickerns in Berührung kommen, und zwar werden bei terrigenen und limnischen Gesteinen Kalziumkomplexe und bei marinen und brackischen Gesteinen Natriumkomplexe ausgelaugt. Die austauschfähigen Kationen: Natrium, Kalzium usw., sind an die pelitische Komponente der Gesteine gebunden (M. MICHALÍČEK 1959). Die Bildung der Mineralwässer erfolgt durch Auslaugung des Gesteins, und der chemische Typ ist von der Löslichkeit der in den Gesteinen enthaltenen chemischen Komponenten abhängig.

Die Vorgänge Ia und IIa kennzeichnen den Auslaugungsprozeß bei Anwesenheit von freiem Kohlendioxyd. Ionenaustauschvorgänge im System Wasser—Gestein, wobei das Austauschvermögen der Gesteine durch Ionen des zweiten Zyklus charakterisiert wird, bedingen die Übergänge zwischen diesen beiden Zweigen. Typisch ist der Sulfattyp, der bei der Gesamtmineralisation von 1500 bis 2500 mg/Liter oder bei der Mineralisation bis 10000 mg/Liter überwiegt. Diese Vorgänge wurden von J. JANÁK (vgl. Abb. 1) mit den Zahlen III bis VI bezeichnet.

Nach dieser Theorie ist auch der größte Teil der verschiedenen Mineralwässertypen vadoser Herkunft. Auch M. MAHEL (1952) hat bereits für die Mineralwässer in der Ostslowakei einen vadosen Ursprung angenommen.

Die hydrogeochemische Prospektion

Die hydrogeochemische Untersuchung des Gebietes wurde in den Sommermonaten des Jahres 1958 von einer Arbeitsgruppe (1 Leiter, der die Kartierungsarbeiten, die Beschreibung der Quellen, die Auswahl der Probenahmepunkte usw. ausführte, 2 Analytiker, 1 Probenehmer) durchgeführt. Durchschnittlich konnten innerhalb von zwei Wochen 50—60 Probenahmestellen bearbeitet werden.

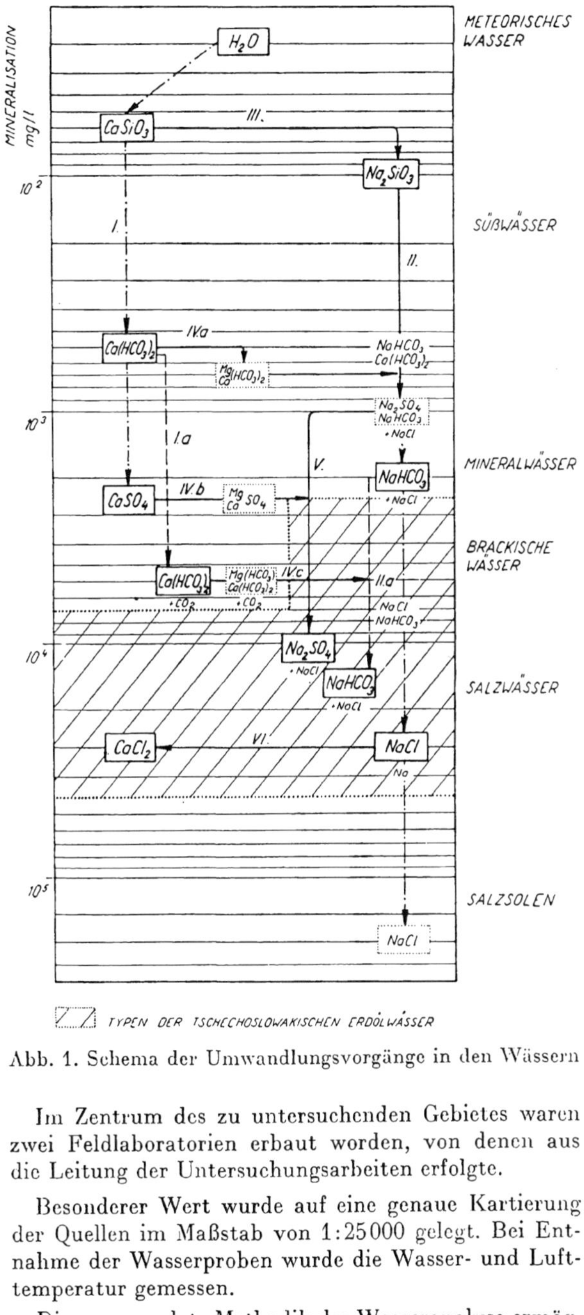

Abb. 1. Schema der Umwandlungsvorgänge in den Wässern

Im Zentrum des zu untersuchenden Gebietes waren zwei Feldlaboratorien erbaut worden, von denen aus die Leitung der Untersuchungsarbeiten erfolgte.

Besonderer Wert wurde auf eine genaue Kartierung der Quellen im Maßstab von 1:25000 gelegt. Bei Entnahme der Wasserproben wurde die Wasser- und Lufttemperatur gemessen.

Die angewendete Methodik der Wasseranalyse ermöglicht eine Gesamtanalyse des Wassers und der gelösten Gase mit Ausnahme von einigen Spezialbestimmungen, die physikalisch-chemische Apparaturen erfordern, deren Überführung ins Feld nicht zweckmäßig war. Im Feldlaboratorium wurden durch verschiedene Titrationsverfahren folgende Komponenten bestimmt: Chloride (argentometrisch), Bikarbonate (azidimetrisch), Kalzium und Magnesium (komplexometrisch); auf Sulfate, Bromide, Jodide, Nitrate, Ammonium und Eisen wurde zunächst nur qualitativ untersucht. Bei Proben, in denen diese Ionen angetroffen wurden, erfolgte dann im Laboratorium des Instituts noch eine quantitative Analyse. Hier wurden auch die Alkalien — Natrium und Kalium — flammenphotometrisch bestimmt. Bei der quantitativen Analyse wendete man folgende Methoden an: die Sulfatbestimmung durch Ausfällung als Bariumsulfat; Bestimmung der Jodide potentiometrisch und der übrigen Ionen kolorimetrisch, und zwar Bromide mit Fuchsinschwefelsäure, Nitrate mit Salizylsäure, Ammonium durch das NESSLERsche Agens, Eisen mit Ammoniumrhodanid.

Von den Gasen wurde der Schwefelwasserstoff direkt an der Quelle kolorimetrisch mit Hilfe des HELLIGEschen Komparators ermittelt, im Feldlaboratorium dann das Kohlendioxyd alkalimetrisch und der Inhalt der nichtsauren Gase (Abgas) nach dem Verfahren von J. JANÁK & I. PÁRALOVÁ (1955), J. JANÁK (1956). Im Abgas wurden Stickstoff, Sauerstoff, Wasserstoff und Methan chromatographisch nach J. JANÁK, M. KREJČÍ & H. DUBSKÝ (1958) bestimmt. Traten höhere Methankonzentrationen auf, analysierte man im Laboratorium des Instituts eine Probe der Abgase auf höhere Kohlenwasserstoffe — Äthan bis Heptan — mit der ultramikrochromatographischen Methode nach J. JURÁNEK (1959).

Zur hydrogeochemischen Einordnung wurde mit Hilfe der PALMERschen Indizes der Typ der Wässer festgestellt (CH. PALMER 1911):

Primäre Salinität	= Gehalte an Natrium- und Kaliumchloriden und -sulfaten
Sekundäre Salinität	= Gehalte an Kalzium- und Magnesiumchloriden und -sulfaten
Primäre Alkalinität	= Gehalte an Natrium- und Kaliumbikarbonaten und -sulfiden
Sekundäre Alkalinität	= Gehalte an Kalzium- und Magnesiumbikarbonaten und -sulfiden

Neben der Mineralisation und dem Typ der Wässer wurden auch in den Gasen die Gehalte an Kohlendioxyd, Schwefelwasserstoff, Methan bis Heptan sowie die charakteristischen Gaskoeffizienten der „Kohlenwasserstoff-(Methan-)Vergasung", die Koeffizienten der „Bituminosität", ferner der „Methansättigung" und des „Reduktionsvermögens" (das Verhältnis des Stickstoffgehalts zum Sauerstoffgehalt) bestimmt.

Insgesamt wurden bei diesen Untersuchungen 169 Proben von Mineral- und mineralisierten Wässern, darunter 49 Analysen anderer Autoren (M. DOMINIKIEWICZ 1951, J. GUMULKA 1956, J. HENSEL 1951, P. L. JANOVSKIJ 1959, J. JURÁNEK 1957, V. MRÁZEK & A. POHORECKÝ 1920, K. SZYPULA & J. GUMULKA 1953), verarbeitet. Die zahlreichen außerdem noch kartierten und dokumentierten Quellen sind nicht auf ihre chemische Zusammensetzung untersucht worden.

Die bisherige hydrogeochemische Bearbeitung des karpatischen Flysches in der Ostslowakei

Das Gebiet des karpatischen Flysches wurde hydrogeochemisch zum Teil bereits im Jahre 1953 von V. ZÝKA (1954) und später von J. JURÁNEK (1957) bearbeitet, der auch den Redoxcharakter der Wässer untersuchte. Diese Arbeiten tragen einen ausgesprochenen Regionalcharakter und lassen oft die systematische Untersuchung der gelösten Kohlenwasserstoffgase vermissen. Die Aussagen der Verfasser stützten sich auf die Bearbeitung von ca. 50 Mineralwasserproben. Auf Grund neuer geologischer Erkenntnisse (V. PESL & E. MENČÍK 1958) und zahlreicher neu festgestellter Mineralwasserquellen (Archivmaterial 1951—1955) erschien eine Ergänzung des vorhandenen Untersuchungsmaterials zweckmäßig.

Eine umfassende, jedoch allgemeine Bewertung des Typs und der Genese der Mineralwässer des ostslowakischen

Flysches veröffentlichte O. HYNIE (1957). Auch M. MAHEL (1952) erörterte hydrogeologische Probleme des karpatischen Flysches, und die Zusammensetzung einiger Wässer wurde von J. HENSEL (1951) beschrieben.

Die Wässer eines Teiles der polnischen Flyschgebiete beschrieben z. B. K. SZYPULA & J. GUMULKA (1953), J. GUMULKA (1956), M. DOMINIKIEWICZ (1951), K. BIRKENMAIER (1956), V. MRÁZEK & A. POHORECKÝ (1920). Von weiteren grundlegenden Arbeiten sind anzuführen: O. HYNIE (1957), M. MAHEL (1952), M. G. VALJAŠKO (1954, 1955), I. I. CHEBOTAREW (1952, 1955), H. SCHÖLLER (1955) u. a.

Geologie des untersuchten Gebietes

Das bearbeitete Flyschgebiet (vgl. Abb. 2) wird auf Grund der faziellen Unterschiede in zwei Hauptgruppen gegliedert: in äußere Flyschgruppe (H. ŚWIDZIŃSKI 1934) und Magura-Flyschgruppe (J. NOWAK 1927).

Die äußere Flyschgruppe

In der ČSSR tritt von der äußeren Flyschgruppe nur der innerste Teil, der als Dukla-Užok-Falten bezeichnet wird, auf. Die Begrenzung im Süden bildet der nördliche Denudationsrand der Magura-Decke (Magura-Überschiebung), der NW—SE streicht und ungefähr von Čertižný über Krásný Brod, Nižná Jablonka, Pčoliné nach Ubla verläuft und sich weiter in die Transkarpatische Ukraine (UdSSR) in Richtung auf M. Berezné fortsetzt.

Außer diesem zusammenhängenden Gebiet treten Sedimentserien der Dukla-Užok-Falten im Innern der Stirnzone des Magura-Flysches in Form des Papíner Fensters zutage. Innerhalb der Magura-Decke wurden neuerdings in den südlichen Teilen der Rača-Einheit von der Magura-Entwicklung vollkommen unterschiedliche Gesteinsserien entdeckt, die in ihrem Faziescharakter den Serien des äußeren Flysches entsprechen. Sie treten in Form mehrerer tektonischer Fenster heraus, von denen bisher V. PESL & E. MENČÍK (1957, 1958, 1959) die zwei östlichsten als Sitnica- und Olša-Fenster abgegrenzt haben. Die detaillierte lithofazielle Entwicklung sowie die stratigraphische Stellung der Schichten werden noch untersucht.

Um die Bestimmung der Dukla-Užok-Falten und deren Gliederung in tektonische Einheiten samt der Einordnung in die moderne Stratigraphie haben sich vor allem A. MATĚJKA & O. KODYM (1952) und B. LEŠKO (1952) verdient gemacht.

Die Magura-Flyschgruppe

Die Untersuchung der Magura-Flyschgruppe ist zur Zeit noch nicht beendet. Eine ausführlichere Gliederung des Magura-Flysches ist nur im östlichen Teile, d. h. von der Linie Svidník-Giraltovce in E-Richtung bis zur Staatsgrenze ČSSR—UdSSR, durch die Untersuchungen von V. PESL & E. MENČÍK (1957, 1958, 1959), A. MATĚJKA & O. KODYM (1952) und B. LEŠKO (1952, 1956) bekannt. Neuerdings wurde auch der westliche Bardejov-Teil des Ondava-Hügellandes und des Čerhov-Gebirges von Z. STRÁNÍK & Z. ROTH (1958, 1959) bearbeitet.

Auf Grund der verschiedenen Fazies entsprechenden Sedimentationsserien des Magura-Flysches und des stratigraphischen Inhalts unterscheiden V. PESL & E. MENČÍK (1957, 1958) von N nach S folgende faziell-tektonische Einheiten: die Rača-, Bystrica-, Udava- und Lackovce-Einheit.

Die innere Klippenzone

Die innere Klippenzone bildet die Südgrenze des untersuchten Gebietes. An ihrer Zusammensetzung sind in ihrem östlichen Abschnitt Mittlere und Obere Kreide, hauptsächlich in der Ausbildung der bunten Globotrunkanen-Mergel (die „Púchov-Mergel"), beteiligt. Zum Teil weisen die Schichten sogar Flyschcharakter auf. Im Šarišer Abschnitt sind auch tiefere Glieder des Klippen-Mesozoikums (z. B. Dogger, Malm, Tithon) vertreten.

Bemerkungen zur Tektonik

In den Dukla-Užok-Falten unterscheidet B. LEŠKO (1956) die Grenzeinheit und die Hostovicer Einheit, die dann weiter aus antiklinalen und synklinalen Zonen zusammengesetzt sind. Ein deutliches tektonisches

Tab. 1a. Analysen von Natriumbikarbonat-Wässern

Benennung der Quelle		Smilno	Bardejovské kúpele	Dubová	Mikulášová	Cigelka	Hraničné	Pčoliné	Vyšná Polianka	Varadka	Krajná Bystrá	Repejov
Nr.		30	40	32	33	11	61	91	35	34	44	78
Temperatur	°C	20,0	–	12,5	12,0	9,0	9,0	19,0	9,5	9,5	12,5	16,5
p_H		8,0	6,5	6,2	5,9	6,7	6,2	6,8	8,0	7,5	8,5	7,4
Mineralisation	mg/l	12127,9	7859,9	6253,5	5532,9	18581,4	3060,6	4842,6	430,6	568,0	1015,05	981,8
Gesamte Härte	° deutsch	4,0	38,0	16,4	33,6	44,0	42,4	19,2	2,2	5,4	2,0	12,0
Ca	mg/l	17,2	157,3	82,94	194,5	135,8	200,2	60,1	8,6	22,9	8,6	62,9
Mg	mg/l	7,0	69,5	20,88	31,3	108,8	62,6	47,0	4,4	9,6	3,5	13,9
Na	mg/l	4160,0	2026,3	1710,0	1340,0	4900,0	469,0	1190,0	87,0	95,0	244,0	160,0
K	mg/l	29,0		24,2	24,0	126,0	6,0	29,0	1,1	1,2	1,35	4,4
Fe	mg/l	2,0	+	Spuren	2,0	< 1,0	4,0	0	Spuren	0	1,0	3,0
NH_4	mg/l	Spuren	–	0	0	0	0	+	0	0	0	0
Cl	mg/l	4772,9	822,7	1070,9	1287,2	2312,0	0	7,1	0	0	0	7,1
Br	mg/l	40,0	–	25,2	30,0	39,6	0	0	0	0	0	0
J	mg/l	7,6	–	1,3	1,3	1,9	0	0	0	0	0	0
SO_4	mg/l	0	Spuren	0	0	0	0	7,4	Spuren	0	0	71,6
HCO_3	mg/l	3099,8	4784,0	3319,4	2623,9	10959,2	2318,8	3502,0	329,5	439,3	756,6	658,9
NO_3	mg/l	0	–	0	0	0	0	0	0	0	0	0
CO_2	mg/l	0	1100,0	853,6	893,2	1196,8	827,2	321,2	0	13,2	0	26,4
H_2S	mg/l	0	0	0	0,7	0	0	0	2,8	1,8	< 0,6	6,0
Abgas	ml/l	21,6	4,20	8,2	9,6	3,72	12,2	22,0	24,0	28,4	36,4	22,8
O_2	%	2,7	23,0	19,1	26,0	22,2	17,7	6,1	3,1	4,8	5,7	3,6
N_2	%	41,2	77,0	45,5	72,3	77,8	60,4	36,7	81,7	72,2	24,4	63,1
CH_4	%	56,1	0	35,4	1,7	0	21,9	57,2	15,2	23,0	69,9	33,3
Primäre Salinität	%	72,4	22,8	36,0	46,0	26,8	0	0,6	Spuren	0	0	13,6
Sekundäre Salinität	%	0	0	0	0	0	0	0	0	0	0	0
Primäre Alkalinität	%	26,8	64,0	56,8	36,8	66,6	57,6	87,8	82,8	68,8	93,8	49,0
Sekundäre Alkalinität	%	0,8	13,2	7,2	17,2	6,6	42,4	11,6	17,2	31,2	6,2	37,4
$K \frac{N_2}{O_2}$		15,259	3,348	2,382	2,789	3,504	3,412	6,016	26,355	15,042	4,281	17,528
$K \frac{CH_4}{O_2+N_2}$		1,278	–	0,548	0,0173	–	0,2804	1,3364	0,1792	0,2987	2,3222	0,4992
K_{CH_4}		36,64	0	7,45	0,40	0	6,22	37,26	8,74	7.28	65,7	21,53

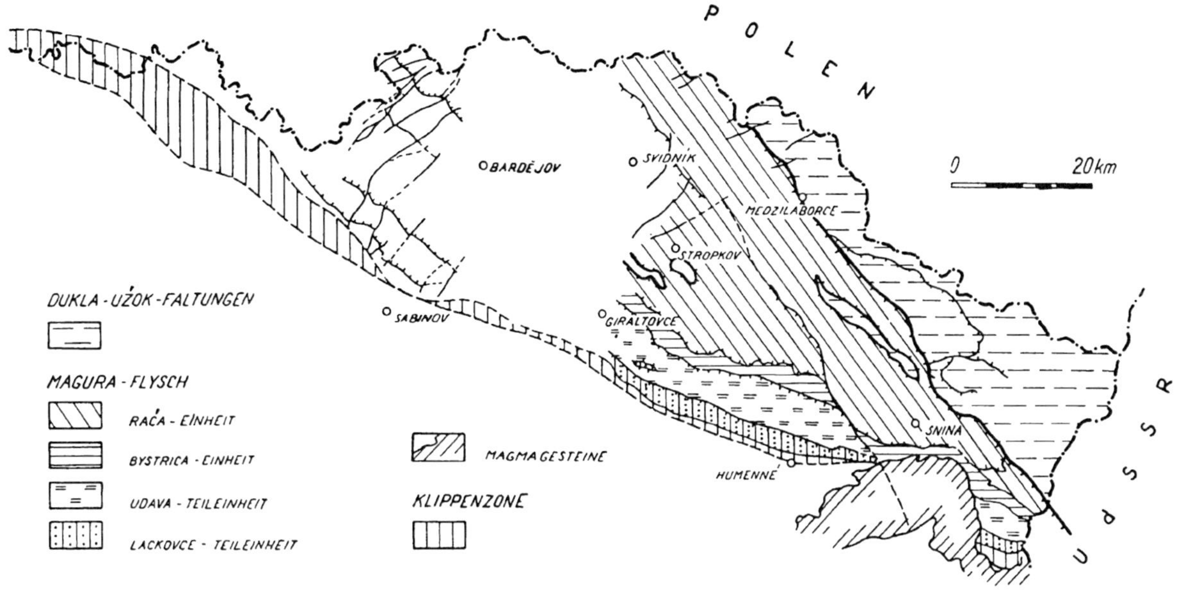

Abb. 2. Geologische Übersichtskarte des Untersuchungsgebietes (nach V. PESL 1957)

Element bildet nach B. LEŠKO die sigmoidale Biegung bei Starina. In den synklinalen Zonen der Dukla-Užok-Faltungen ist ein System flacher, nicht zusammengedrückter Falten erkennbar. Die Hostovicer Einheit ist auf die Grenzeinheit im Winkel von 45—60° überschoben. In der Grenzeinheit werden Rückbewegungen beobachtet.

Der Magura-Flysch mit der inneren Klippenzone stellt eine tektonische Paläogen-Einheit — die Magura-Flyschgruppe — dar (J. NOWAK 1927). Die nördliche Begrenzung der Magura-Decke wird durch den Verlauf der Magura-Überschiebung bestimmt. Im allgemeinen kann die Überschiebung der Magura-Decke über die Dukla-Užok-Falten als flach angesehen werden, obwohl die Scherflächen stellenweise ziemlich gewellt sind.

Parallel der tektonischen Linie der Magura-Überschiebung verläuft innerhalb der Rača-Einheit die tektonische Linie Krivá Olka—Hrabovec—Dlhé n. Cir., die sich nach NW bis Ladomírová und Svidnička fortsetzt. Die Bewegungen an dieser Linie weisen dieselbe Orientierung auf wie die Bewegungen längs der eigentlichen Magura-Überschiebung und haben wahrscheinlich gleiches geologisches Alter.

Zu den jüngsten tektonischen Störungen gehören die Querbrüche mit Absenkungen, die besonders durch das Bruchsystem im Bardejover Teil des Ondava-Hügellandes und des Čerhov-Gebirges zutage treten (Z. STRÁNÍK 1958). Die Brüche streichen vorwiegend SW—NE und S—N. Sie stören die tektonischen Strukturlinien und prägen sich deutlich in der Morphologie des Gebietes ab. Das SW—NE-Bruchsystem kann ebenfalls nördlich von Stropkov (V. PESL & E. MENČÍK 1958) und in der Stirnzone der Magura-Decke zwischen Vyš. Komarník und Miková (MATĚJKA & KODYM 1952) beobachtet werden, wo es WSW—ENE streicht. Zwischen beiden Systemen besteht ein Zusammenhang.

Die Begrenzung der Einheiten und der Verlauf der tektonischen Linien ist nach Arbeiten von V. PESL, E. MENČÍK und Z. STRÁNÍK (Stand vom Jahre 1959) in Abb. 2 dargestellt.

Geochemische Charakteristik der im Untersuchungsgebiet auftretenden Wässer

Die Mineralwässer des untersuchten Gebietes werden auf Grund des Gehaltes an charakteristischen Komponenten (durch die PALMERschen Indizes ausgedrückt), der Mineralisation und des Gehaltes an gelösten Gasen in zwei Hauptgruppen gegliedert, die wiederum in kleinere Untergruppen geteilt werden:

1. Wässer des Natriumbikarbonat-Typs
   a) Säuerlinge
   b) Schwefelwasserstoff-Methanwässer
2. Wässer des Kalziumbikarbonat-Typs
   a) Säuerlinge
   b) Schwefelwasserstoff-Methanwässer
   c) Kalzium-Magnesium-Sulfatwässer

1. Wässer des Natriumbikarbonat-Typs

Die typischen Mineralwässer des Magura-Flysches und der Dukla-Užok-Falten sind Wässer vom Natriumbikarbonat-Typ mit größerem Natriumchloridgehalt. Einen typischen Vertreter dieser Gruppe bildet das mineralisierte, salzige Natriumbikarbonat-Wasser von Smilno (aus der Bohrung Zborov 11).

Die Verbreitung der Natriumbikarbonat-Wässer, die schon durch den Zufluß von Kohlendioxyd in Säuerlinge umgewandelt wurden, ist auf das Gebiet im NW und NE von Barděјov beschränkt. Die Wässer des Natrium-

Tab. 1b. Kohlenwasserstoffgase in Natriumbikarbonat-Wässern

Benennung der Quelle Nr.		Hraničné 61	Krajná Bystrá 44	Pčoliné 91	Smilno 30
Methan	%	21,9	69,9	57,2	56,1
Ethan	%	–	0,090	0,216	0,081
Propan	%	0,0037	0,009	0,0015	0,0043
Butan	%	Spuren	0,0030	0,0008	0,0072
Pentan	%	–	0,0005	0,0008	0,064
Hexan	%	–	–	–	0,0028
Koeffizient der Bituminosität		–	0,00147	0,00383	0,00181

Tab. 2. Analysen von Kalziumbikarbonat-Wässern

Benennung der Quelle		Gaboltov	Snakov	Tulčík	Zboj	Vyšná Radvaň	Vyšný Orlík	Kobyly	Pstriná	Havranec	Zbudský Rokytov	Abrahamovce
Nr.		13	48	58	82	73	139	62	133	45	102	59
Temperatur	°C	11,0	10,5	11,0	11,0	8,0	11,5	8,0	10,5	7,0	18,0	10,0
p_H		5,9	5,7	5,5	6,0	7,1	7,3	6,9	7,2	6,5	7,4	7,1
Mineralisation	mg/l	2337,9	1278,9	851,0	1779,5	609,53	882,68	641,15	428,84	163,5	1714,0	1017,1
Gesamte Härte	° deutsch	56,0	38,4	28,8	53,2	18,8	26,2	18,0	13,6	2,8	59,4	27,2
Ca	mg/l	257,4	194,5	143,0	317,5	103,0	108,68	107,2	75,79	14,3	173,0	130,1
Mg	mg/l	87,0	48,7	38,3	38,3	19,1	47,85	13,0	13,05	3,5	153,1	39,2
Na	mg/l	208,0	43,6	13,9	58,5	27,1	47,50	20,5	14,7	21,7	73,0	71,0
K	mg/l	13,9	3,8	2,4	3,0	2,63	3,35	1,15	1,90	$< 1,0$	9,2	3,0
Fe	mg/l	2,0	12,0	Spuren	20,0	0	Spuren	Spuren	0	$< 1,0$	0	Spuren
NH_4	mg/l	0	0	0	0	0	0	0	Spuren	0	0	Spuren
Cl	mg/l	0	0	0	0	0	0	0	0	14,2	7,1	0
Br	mg/l	0	0	0	0	0	0	0	0	0	0	0
J	mg/l	0	0	0	0	0	0	0	0	0	0	0
SO_4	mg/l	0	Spuren	6,6	Spuren	42,8	40,7	84,4	0	0	1018,0	188,0
HCO_3	mg/l	1769,6	976,3	646,8	1342,2	414,9	634,6	414,9	323,4	109,8	280,6	585,8
NO_3	mg/l	0	0	0	0	0	0	0	0	0	0	0
CO_2	mg/l	941,6	836,0	743,6	660,0	30,8	8,8	26,4	30,8	22,0	17,6	26,4
H_2S	mg/l	0	0	0	0	0,5	40,0	0,5	0,6	1,1	0	0
Abgas	ml/l	11,2	6,4	9,8	10,0	21,2	18,0	23,8	21,2	25,4	18,4	23,4
O_2	%	18,7	18,4	28,4	11,5	9,7	4,85	8,2	10,64	17,3	29,8	25,1
N_2	%	81,3	81,6	71,6	73,0	90,3	85,20	90,0	89,36	67,7	70,2	74,9
CH_4	%	0	Spuren	Spuren	15,5	0	9,95	1,8	Spuren	15,0	0	0
Primäre Salinität	%	0	Spuren	1,4	0	11,6	7,6	12,6	0	18,2	13,8	24,6
Sekundäre Salinität	%	0	0	0	0	0	0	8,0	0	0	68,6	4,2
Primäre Alkalinität	%	32,0	12,4	4,6	11,8	0,8	11,2	0	12,4	30,6	0	0
Sekundäre Alkalinität	%	68,0	87,6	94,0	88,2	87,6	81,2	79,4	87,6	51,2	17,6	71,2
$K\frac{N_2}{O_2}$		4,348	4,435	2,521	6,348	9,309	17,567	10,976	8,398	3,913	2,356	2,984
$K\frac{CH_4}{O_2+N_2}$		–	Spuren	Spuren	0,1834	–	0,1105	0,0183	Spuren	0,1765	–	–
K_{CH_4}		0	Spuren	Spuren	3,80	0	4,51	0,97	Spuren	8,39	0	0

bikarbonat-Typs ohne Salzkomponente sind gemeinsam mit den Kalziumbikarbonat-Wässern im ganzen Bereich des ostslowakischen Flysches, mit Ausnahme der Udava-Einheit, in der nur Kalziumbikarbonat-Wässer auftreten, verbreitet.

a) Säuerlinge. Bereits aus ihrer Benennung ergibt sich ihre Charakteristik. Der Gehalt an Kohlendioxyd erreicht Werte über 200 mg/l und liegt größtenteils bei 800—1200 mg/l. Die Wässer weisen einen höheren Salzgehalt als 1 g/l auf, und charakteristisch für sie ist das Natriumchlorid. Zu diesem Typ gehören z. B. die Quellen: Bardejovské kúpele-40, Dubová, Mikulášová. Wässer mit deutlichem Natriumchloridcharakter können die höchsten Mineralsalzgehalte, und zwar 18,5 g/l, enthalten. Cigelka — Quelle Štefan. Nur ausnahmsweise fehlt bei den Säuerlingen der Natriumchloridgehalt, oder Natriumsulfat bildet die Salzkomponente, z. B. die Wässer von Hraničné, Pčoliné-31.

b) Schwefelwasserstoff-Methanwässer. Charakteristisch für sie ist die Anwesenheit gelöster Gase: Schwefelwasserstoff und Methan. Ihre Mineralisation beläuft sich ungefähr auf 1 g/l. Die Salzkomponente fehlt meistens, z. B. in den Wässern von Vyšná Pohanka, Varadka, Krajná Bystrá; sie ist jedoch durch Natriumsulfat in Repejov vertreten. Tab. 1a und b zeigen typische Quellen des Natriumbikarbonat-Typs und ihre Analysenwerte.

2. Wässer des Kalziumbikarbonat-Typs

Zu diesem Typ gehören überwiegend Wässer mit niedrigem Mineralsalzgehalt, etwa 1 g/l, d. h. praktisch ohne die salzige Natriumchlorid-Komponente.

a) Säuerlinge. Hierzu rechnet man Wässer mit einem Gehalt an freiem Kohlendioxyd von über 35 mg/l, meistens jedoch über 200 mg/l (die Mineralisation beträgt gewöhnlich über 1 g/l; das Maximum liegt bei 4 g/l). Die Salzkomponente im Wasser fehlt. Nur in einigen Fällen enthalten die Wässer Magnesiumsulfat und Kalziumsulfat mit einem Minimalgehalt von Natriumsulfat. Typische Beispiele sind: Gaboltov-13, Snakov-48, Tulčík, Zboj-82.

b) Schwefelwasserstoff - Methanwässer. Sie sind wieder durch gelöste Gase — Schwefelwasserstoff und Methan — gekennzeichnet. Der Mineralsalzgehalt liegt unter 1 g/l. Natriumsulfat bildet hier die Salzkomponente. Folgende Wässer sind zu nennen: Vyšná Radvaň-73, Vyšný Orlík. Manchmal enthalten die Wässer auch Magnesium- und Kalziumsulfat, z. B. Kobyly. Ausnahmsweise fehlt die Salzkomponente in den Wässern von Pstriná. Gegebenenfalls können die Wässer auch kleine Mengen von Natriumchlorid enthalten, z. B. Havranec.

c) Kalzium-Magnesium-Sulfatwässer. In diese Gruppe gehören Wässer mit höherer Mineralisation als 1 g/l. Für sie ist ihr Gehalt an Natrium-, Kalzium- und Magnesiumsulfat charakteristisch. Ihnen fehlen jedoch die charakteristischen Gaskomponenten der anderen Wässer. Beispiele für diesen Typ: Zbudský Rokytov-102, Abrahamovce-59.

Analysenwerte von Kalziumbikarbonat-Wässern sind in Tab. 2 angeführt.

(Das Literaturverzeichnis wird zusammen mit Teil II dieser Arbeit in einem der nächsten Hefte veröffentlicht.)

Zur Stratigraphie und Petrographie der gasführenden Sandsteine im Nordteil der Sangerhäuser Mulde

MANFRED KURZE, Freiberg (Sa.)

Im Jahre 1957 traten im Querschlag 7. Sohle des Thomas-Münzer-Schachtes bei Sangerhausen mehrere Gasausbrüche auf, die an Intensität die bisher im Nordteil der Sangerhäuser Mulde bekannten Gasvorkommen weit übertrafen. Ähnliche Gasausbrüche wurden 1954 im Flachen VIIa, 1957 in der 7. Sohle Ost und 1958 im Flachen VIIIb des Thomas-Münzer-Schachtes beobachtet. Ein schwächerer Gasausbruch fand im Querschlag 7. Sohle ca. 360 m südlich des Füllortes (nach W. REMUS etwa 480 m südlich vom Schacht) schon im Jahre 1954 statt.

In den Untertageaufschlüssen der Mansfelder Mulde sind seit langem ähnliche Gasausbrüche bekannt, die fast ausnahmslos aus Sandsteinen des Weißliegenden stammen und nach vorliegenden Analysen überwiegend Stickstoff geliefert haben. Entsprechende Gasanalysen fehlen leider von den Ausbrüchen im Thomas-Münzer-Schacht. Es ist aber anzunehmen, daß es sich dabei ebenfalls um Stickstoffausbrüche gehandelt hat. Zumindest weist das häufige Auftreten von Stickstoffbläsern und -austritten (durch Analysen belegt) auf Klüften und Störungen im Liegenden des Kupferschiefers darauf hin. Diese Ausbrüche stammen, wie durch feinstratigraphische Aufnahmen und petrographische Vergleiche nachgewiesen werden konnte, aus Sandsteinen der Mansfelder Schichten (Stefan). Die feinstratigraphische Aufnahme der Schichtenfolge läßt in den Flachen IIIb, VIIa und VIIIb, im Querschlag 1. Sohle und im Querschlag 4. Sohle deutlich einen mehrfachen zyklischen Wechsel der Sedimentation im Liegenden des Porphyrkonglomerates erkennen. Die

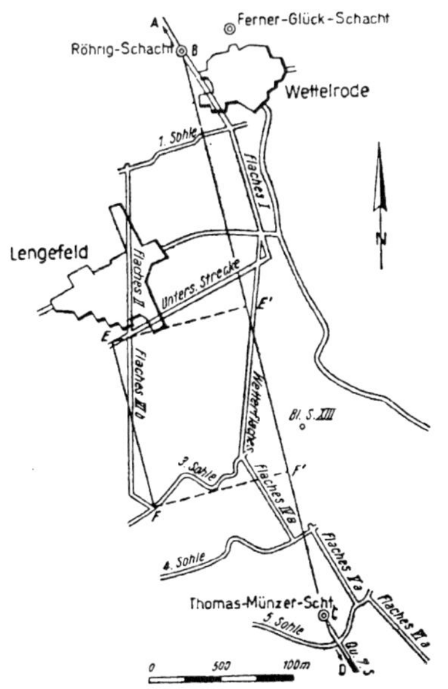

Abb. 1a. Lageskizze nach dem Übersichtsriß der Untertageaufschlüsse im Nordteil der Sangerhäuser Mulde (vereinfacht)

A-B-C-D- und E-F Profillinien für das Profil durch den Nordteil der Sangerhäuser Mulde

Zyklen, die am besten mit den von L. B. RUCHIN (1958) beschriebenen „unterbrochenen limnischen Rhythmen" zu vergleichen sind, werden 20 bis 50 m mächtig. Jeder Zyklus beginnt im liegenden Teil mit grobklastischen Sedimenten und geht nach dem Hangenden zu allmählich in feinkörnige Sandsteine, Schluffsteine und Schiefer-

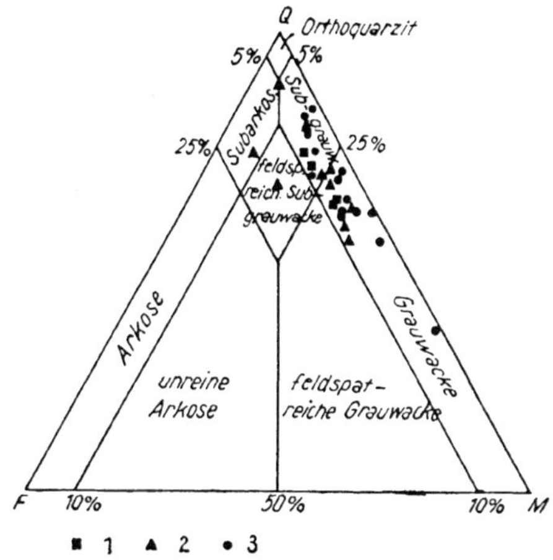

Abb. 2. Benennung der Sandsteine aus dem Weißliegenden und den Mansfelder Schichten nach ihrer mineralischen Zusammensetzung

Q — Pol: ultrastabile Mineralien und Gesteine — Quarz und Kieselschiefer mit Ausnahme echter Quarzite;
F — Pol: alle Typen von Feldspäten;
M — Pol: alle Metamorphitbruchstücke — echte Quarzite, Glimmerschiefer, Phyllite, Tonschiefer, kataklastische Quarze und Glimmerschüppchen
1 — Weißliegendsandstein; 2 — gasführender Sandstein aus den Mansfelder Schichten; 3 — nichtgasführender Sandstein aus den Mansfelder Schichten

tone über. Die Verhältnisse werden durch Konglomeratlinsen, die in den Schiefertonen, Schluffsteinen und feinkörnigen Sandsteinen auftreten, sowie durch Einlagerungen feinkörnigen Materials in den grobklastischen Sedimenten des liegenden Teiles der Zyklen kompliziert.

Die Stickstoffausbrüche im Querschlag 7. Sohle 2687—2908 m südlich des Füllortes, im Flachen VIIa 283—300 m westlich der 6. Sohle, im Flachen VIIIb 415—425 m südlich der 7. Sohle West und in der 7. Sohle Ost 620 m östlich des Querschlages stammen aus einem Sandsteinhorizont der Mansfelder Schichten, der durchschnittlich 20 m mächtig wird und sich nach Norden bis ins Flache VIa verfolgen läßt (s. Abb. 1). Konglomerate treten an der Basis dieses Horizontes zurück. Der Stickstoffausbruch im Querschlag 7. Sohle ca. 360 m südlich des Füllortes fand aus einem tiefergelegenen Sandsteinhorizont der Mansfelder Schichten statt.

Die Mansfelder Schichten werden diskordant vom Porphyrkonglomerat der Eislebener Schichten überlagert. Die Winkeldiskordanz an der Basis des Porphyrkonglomerates beträgt 6—8°. Sie läßt sich am besten im Flachen VIa 600 m südlich der 5. Sohle beobachten und geht auch deutlich aus den Kartierungen des Flachen IIIb und des Querschlages vom Röhrig-Schacht zur Interimssohle hervor. Die Auflagerungsfläche des

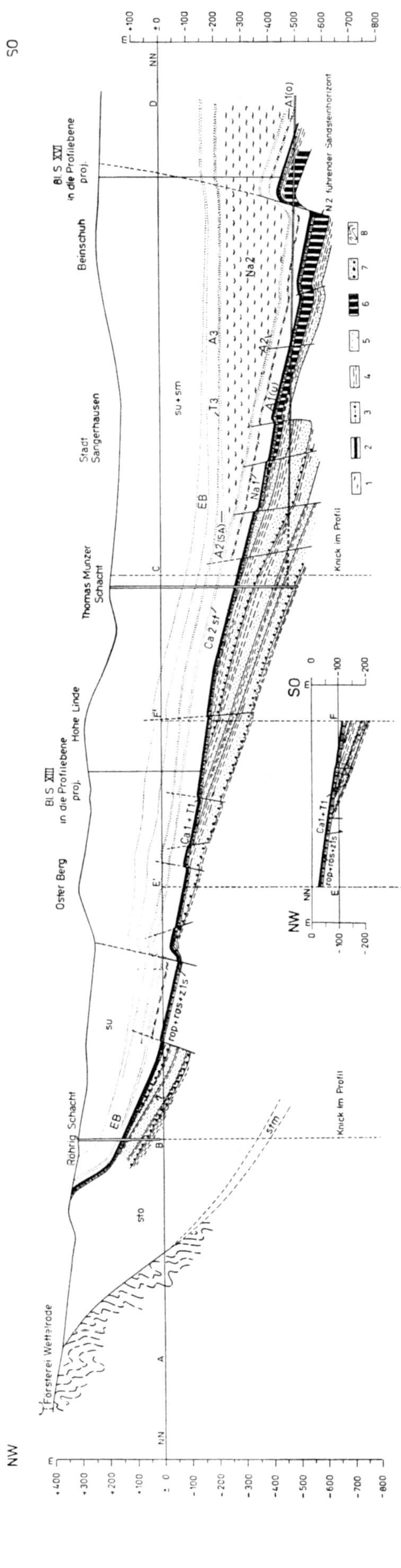

Abb. 1 b. Profil durch den Nordteil der Sangerhäuser Mulde

— Steinsalz; 2 — Zechsteinkalk und Kupferschiefer; 3 — Porphyrkonglomerat, Sandsteinschiefer und Weißliegendes; 4 — Schieferton und Schluffstein der Mansfelder Schichten; 5 — Sandsteine der Mansfelder Schichten; 6 — Na 2-führender Sandsteinhorizont der Mansfelder Schichten; 7 — Konglomerate der Mansfelder Schichten; 8 — gefaltetes Paläozoikum der Wippraer Zone; su + sm — Unterer und Mittlerer Buntsandstein; EB — Einsturzbrekzie; A 3 — Hauptanhydrit; T 3 — Grauer Salzton; A 2 + A 2 (SA) + Na 2 — Basalanhydrit, Sangerh. Anhydrit + Staßfurtsteinsalz; Ca 2 (st) — Stinkschiefer; A 1 (o) — Oberer Werraanhydrit; Na 1 — Werrasteinsalz; A 1 (u) — Unterer Werraanhydrit; Ca 1 + T 1 — Zechsteinkalk + Kupferschiefer; rop + ros + z 1 s — Porphyrkonglomerat, Sandsteinschiefer + Weißliegendes; sto — Mansfelder Schichten; stm — Grillenberger Schichten

Porphyrkonglomerates auf die Mansfelder Schichten ist wellig und durch helle graugrüne Bleichungszonen gekennzeichnet.

In der mineralogischen Zusammensetzung unterscheiden sich die gasführenden Sandsteine nicht von den übrigen Sandsteinen der Mansfelder Schichten (Stefan). Folgende Mineralien und Gesteinsbruchstücke sind an der Zusammensetzung der Sandsteine der Mansfelder Schichten beteiligt: Quarz, Feldspat, Muskowit, Biotit, Serizit, Chlorit, Kaolinit, Calcit, Hämatit, untergeordnet Turmalin und Rutil; Quarzit, Glimmerschiefer, Tonschiefer und Kieselschiefer.

Im Gegensatz zu den Sandsteinen der Mansfelder Schichten sind die Weißliegendsandsteine durch hohe Karbonatgehalte und das starke Zurücktreten des Hämatits im Bindemittel gekennzeichnet. Außerdem wurden im Weißliegenden granoblastische Verwachsungen der Quarzkörner weit seltener beobachtet als in den Sandsteinen der Mansfelder Schichten. Nach R. L. FOLK (1954) handelt es sich bei den Sandsteinen aus dem Weißliegenden und den Mansfelder Schichten größtenteils um Subgrauwacken und Grauwacken (Abb. 2).

Wichtige Vergleichswerte zwischen gasführenden und nichtgasführenden Sandsteinen der Mansfelder Schichten lieferten 36 Siebanalysen, die nach P. NIGGLI (1935) in die Körnungskennwerte d, d' und d'' umgerechnet wurden.

Durch den mittleren Korndurchmesser d wird ein Korngemisch in zwei Fraktionen zerlegt. Der mittlere Korndurchmesser der feinen Fraktion ist d', derjenige der groben Fraktion d''. Durch die d'- und d''-Werte sind in einfacher Weise der graphische Vergleich von Sandsteinen mit unterschiedlicher Korngrößenverteilung und die Benennung der Korngemische möglich (Abb. 3).

Die untersuchten gasführenden Sandsteine haben d'-Werte $> 0{,}2$ mm und d''-Werte $> 0{,}9$ mm. Ihre Projektionspunkte liegen in Abb. 3 in einem eng begrenzten, besonders gekennzeichneten Bereich. Es handelt sich bei den gasführenden Sandsteinen der Mansfelder Schichten meist um „Grobsande". Lediglich zwei Proben haben d''-Werte $> 2{,}0$ mm und gehören damit schon zum „Grieß".

Aus Abb. 3 geht aber auch hervor, daß nicht alle Sandsteine, die die oben angegebenen Körnungskennwerte besitzen, gasführend sind.

Im Petro-Physikalischen Labor des VEB Erdöl und Erdgas Gommern wurden 49 Sandsteinproben auf ihre Permeabilität und Nutzporosität untersucht. Die Nutzporosität der gasführenden Sandsteine liegt zwischen 3,5 und 21,6%, die der nichtgasführenden Sandsteine der Mansfelder Schichten dagegen zwischen 1,8 und 10,2%. Die gasführenden Sandsteine weisen im Durchschnitt höhere Porositätswerte als die nichtgasführenden Sandsteine auf. Ausnahmen sind aber in beiden Fällen vorhanden. Die Permeabilität liegt bei den meisten Proben unter 1 md.

Die Ergebnisse der sedimentpetrographischen Untersuchung der Sandsteine der Mansfelder Schichten zeigten, daß die Gasführung nicht allein durch besondere Korngrößenzusammensetzung, hohe Nutzporosität oder besondere mineralogische Zusammensetzung erklärt werden kann. Zu dem Fragenkomplex Genese, Bindung und Migration der Gase sind also noch weitere Unter-

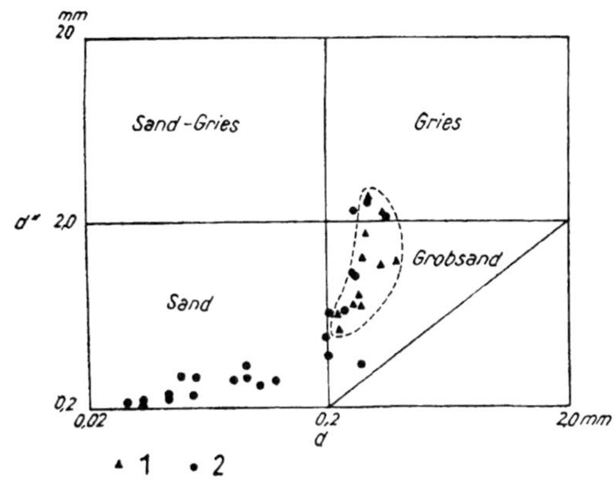

Abb. 3. Korngrößenverteilung und Benennung der Korngemische der Sandsteine aus den Mansfelder Schichten

1 — gasführender Sandstein aus den Mansfelder Schichten, 2 — nichtgasführender Sandstein aus den Mansfelder Schichten

suchungen nötig. Besonders muß die Tatsache hervorgehoben werden, daß die Stickstoffausbrüche im Thomas-Münzer-Schacht bis auf den Ausbruch im Querschlag 7. Sohle ca. 360 m südlich des Füllortes aus dem gleichen gasführenden Sandsteinhorizont der Mansfelder Schichten stammen. Die Gase haben sich aber erst sekundär in diesem Sandsteinhorizont angereichert, so daß für den Bergbau die Möglichkeit besteht, mit geeigneten Methoden die Ausbruchsgefahren zu vermindern.

Literatur

EISENHUT, K. H. & E. KAUTZSCH: Handbuch für den Kupferschieferbergbau. — Fachbuchverlag Leipzig 1954.

FOLK, R. L.: The distinction between grain size and mineral composition in sedimentary-rock nomenclature. — J. Geol., 62, S. 344—365 (1954).

GALLWITZ, H.: Das Rotliegende der Mansfelder Mulde und die saalische Diskordanz. — Hallesch. Jb. mitteldt. Erdgesch., 2, Lfg. 3, (1956).

KURZE, M.: Petrographisch-geologische Bearbeitung der oberkarbonen und rotliegenden Sedimente der Sangerhäuser Mulde. — Unveröff. Dipl.-Arb., Freiberg (Sa.) 1959.

LUDWIG, G.: Neue Ergebnisse der Schwermineral- und Kornanalyse im Oberkarbon und Rotliegenden des südlichen und östlichen Harzvorlandes. — Beih. Geologie, Nr. 14 (1956).

NIGGLI, P.: Die Charakterisierung der klastischen Sedimente nach der Kornzusammensetzung. — Schweiz. Miner. u. Petrogr. Mitt., XV. Bd., S. 31—38 (1935).

REMUS, W.: Stickstoffausbrüche in den Mansfelder Schichten (Stefan). — Z. angew. Geol., 6, S. 210—212 (1960).

RUCHIN, L. B.: Grundzüge der Lithologie. — Akademie-Verlag, Berlin 1958.

SCHRÖDER, E.: Sedimentation und Tektonik im Jungpaläozoikum am östlichen Harzrande und in den Nachbargebieten. — Jb. preuß. geol. Landesamt., 55, S. 168—197 (1934).

Geochemische Erkundung von Metallen[1)]

I. I. GINSBURG, Moskau

Im vorliegenden Beitrag werden die im „Laboratorium für Verwitterungsvorgänge und geochemische Erkundung" des IGEM der Akademie der Wissenschaften der UdSSR übliche Methodik der geochemischen Erkundung von Buntmetallen und seltenen Metallen sowie einige Ergebnisse der in diesem Institut durchgeführten Arbeiten erläutert.

Mit Hilfe der geochemischen Erkundung kann die Verteilung der Metalle im festen Gebirge bestimmt werden, weil alle geochemischen Methoden von dieser Verteilung funktionell abhängig sind. Die heute am meisten angewandten metallometrischen Erkundungsmethoden ignorieren jedoch die vorhandene Verteilung der Erze in den Gesteinen und berücksichtigen nur die Anzeichen einer Erzführung an der Oberfläche eluvial-deluvialer und quartärer Ablagerungen.

Mit der üblichen Methodik der Erforschung von Gesteinen der Verwitterungsrinde und der geochemischen Erkundung anderer Gesteine wird die Verteilung der interessierenden Bestandteile vor allem unter Berücksichtigung der Struktur- und Faziesverhältnisse bestimmt. Weiterhin wird die Verteilung dieser Bestandteile als Ergebnis ihrer Umlagerung in den verschiedenen Horizonten der Verwitterungsrinde und in den sie bedeckenden Lockergesteinskomplexen verschiedener Genese betrachtet.

Im folgenden soll nur auf einen Teil der Arbeiten — auf die geochemische Erkundung von Metallen im festen Gebirge — eingegangen werden.

Die bisher durchgeführten geochemischen Aufnahmen ergaben, daß die Grundlage der geochemischen Erkundung nicht mehr die in der Metallometrie allgemein üblichen Vorstellungen von einer unbedingt hofförmigen Verteilung der Metalle, sondern nur die modernen Vorstellungen von den Erzbildungsvorgängen sein können.

Bereits im Jahre 1940 führte A. E. FERSMAN für die in den Gesteinen lagernden Erze den Begriff „Verbreitungsareal" ein. In den lagerstättenkundlichen Arbeiten wird wenig über den hofförmigen Charakter der Verteilung als die Grundlage des Erzbildungsvorganges gesprochen, jedoch viel von Konzentrationsvorgängen der Erzmineralien aus einer dispersen festen oder flüssigen Phase. Der Erzbildungsvorgang führt ja auch nicht zu einer Dispersion der Metalle, sondern zu ihrer Konzentration (im Gegensatz zu der Bildung der „sekundären Höfe", bei der eine Dispersion des Metalls von seiner primären Quelle aus erfolgt).

Der Erzbildungsvorgang endet nicht immer mit der Entstehung von Erzkörpern lokalisierter Formen und Umrisse vom Typ der Höfe. Er kann zur Bildung staubfeiner Einsprengungen, weit voneinander entfernter, vereinzelter, fast mikroskopisch kleiner Ausscheidungen, einzelner kleiner Konzentrationen oder großer Erzkörper führen. Die Mineralisation muß daher in eine disperse, eine angereicherte und eine Erzmineralisation gegliedert werden.

Während des Erzbildungsvorganges kann allerdings auch eine hofförmige Mineralisation rund um ein beliebiges Zentrum auftreten. Die Mineralisation kann sich auf Flächen verschiedener Ausmaße erstrecken, so daß „Felder", „Bereiche" und „Punkte" der dispersen, der angereicherten und der Erzmineralisation unterschieden werden müssen. Die disperse Mineralisation nimmt gewöhnlich bedeutende Flächen, die Erzmineralisation dagegen nur geringe Bereiche ein. Seltene Metalle kommen mitunter in Form einzelner zusammen-

[1)] Aus: W. I. KRASNIKOW: Geochemische Erkundung von Erzlagerstätten in der UdSSR. — Gosgeoltechisdat, Moskau 1957, S. 61—72. Übers.: QUAST

hangloser „Punkte“ vor, in deren Umgebung jegliche Anzeichen für eine hofförmige Mineralisation fehlen (Abb. 1 und 2).

Im Gegensatz zur Erzmineralisation wird noch eine erzfreie Mineralisation unterschieden. Es handelt sich hierbei um Gesteine, die (abgesehen von den CLARKE-Werten) keine Spuren einer Einwirkung des Erzbildungsvorganges aufweisen und mitunter als „steril“ bezeichnet werden. Sie bilden erzfreie Felder und Bereiche.

Begriffe, wie „erzfreie Mineralisation“, „Untergrund“ und CLARKE-Metallgehalt kommen einander sehr nahe, sind aber grundsätzlich verschieden. In ihrer Größe kann die erzfreie Mineralisation dem CLARKE-Gehalt gleich sein, sie kann aber auch größer oder kleiner sein als dieser; dem „Untergrund“ gegenüber kann sie gleich sein oder kleiner sein als dieser.

Tabelle. Angenommene Gehalte an chemischen Grundstoffen zur Bestimmung des Konzentrationsgrades der Metalle (unter Berücksichtigung der Genauigkeit der Spektralanalyse) in %

Elemente	Erzfreie	Disperse Mineralisation	Angereicherte	Erzmineralisation	Gewichts-CLARKE nach A. P. WINOGRADOW (1950)
Pb	0,006	0,007 – 0,06	0,07 – 0,3	> 0,3	0,0016
Zn	0,010	0,011 – 0,06	0,07 – 0,3	> 0,3	0,005
Ag	–	0,0001 – 0,0006	> 0,0007	–	0,00001
Cu	0,006	0,007 – 0,06	0,07 – 0,3	> 0,3	0,01
V	0,03	0,04 – 0,06	0,07 – 0,10	> 0,10	0,015
Bi	–	0,006 – 0,01	0,011 – 0,06	> 0,06	0,00002
Mo	0,0006	0,0007 – 0,006	0,007 – 0,06	> 0,06	0,0003
W	–	0,01	0,011 – 0,06	> 0,06	0,0001
Ni	0,01	0,01 – 0,10	0,11 – 0,30	> 0,30	0,008
Co	–	0,01 – 0,03	0,04 – 0,07	> 0,07	0,003
Sn	–	0,006 – 0,01	0,01 – 0,05	> 0,05	0,004
Cr	0,03	0,04 – 0,10	0,11 – 1,00	> 1,00	0,02
Mn	0,03	0,04 – 0,10	0,11 – 1,00	> 1,00	0,09
Ba	0,06	0,07 – 0,30	0,40 – 0,60	> 0,60	0,05
Sr	0,06	0,07 – 0,30	0,40 – 0,60	> 0,60	0,04

Anmerkung: Die angereicherte Mineralisation für Blei, Zink und Kupfer kann noch in zwei Gruppen gegliedert werden:

schwach angereichert: 0,07 – 0,10%
stark angereichert: 0,11 – 0,30%

Indem man den Begriff „primärer Dispersionshof“ durch „Feld“ oder „Erzmineralisationsbereich“ ersetzt, werden Form und Art der Verteilung der Erzkomponenten nicht vorausbestimmt.

Die Bestimmung der Intervalle der einzelnen Erzmineralisationstypen erfolgt für die verschiedenen chemischen Grundstoffe auf verschiedene Weise, je nach den bestehenden Bedingungen für den Abbau, Ausscheidungskoeffizienten und die CLARKE-Werte. In der nachstehenden Tabelle wird der Versuch unternommen, die genannten Bereiche, die sich natürlich entsprechend der Konzentration des Materials und Entwicklung der Technik etwas verändern können, zu bestimmen.

Diese Bereiche ersetzen die in der Metallometrie üblichen „Linien gleicher Konzentration“ und bringen Art und Grad der Erzführung der Gesteine besser zum Ausdruck als die zahlreichen Linien gleicher Konzentration.

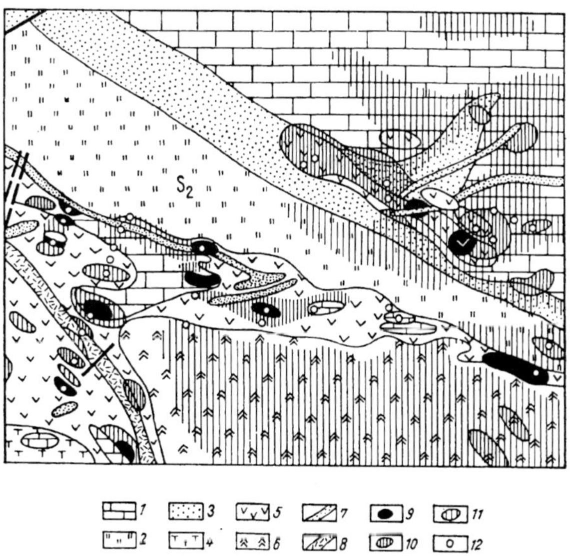

Abb. 1. Felder und Bereiche einer Bleimineralisation (syngenetisch und epigenetisch) und Punkte mit Silberdispersion (epigenetisch) (nach I. I. GINSBURG & I. A. RUKAWISCHNIKOWA)

1 – Kalksteine, 2 – Quarzsandstein, 3 – Kieselschiefer, 4 – Tuffe, 5 – Skarne, 6 – effusive Quarzporphyre, 7 – Diabasporphyritgänge, 8 – Aplitgänge, 9 – Bereiche mit Bleivererzung, 10 – Bereiche mit Bleianreicherung, 11 – Felder mit Bleidispersion, 12 – Punkte mit Silberdispersion

Mit Hilfe der Analysenwerte wird eine statistische Auswertung des Materials zur Bestimmung des Grades der Erzführung einzelner Gesteine, tektonischer Einheiten, interessierender Horizonte, einzelner Bereiche und Erzfelder durchgeführt. Das Ergebnis bilden Koeffizienten der erzführenden Mineralisation nach lithologischen, strukturellen, stratigraphischen und anderen Merkmalen, die man zur Deutung der Gesetzmäßigkeiten der Erzbildung verwenden kann.

Die Methodik der Erkundung

Bei der Bestimmung der einzelnen Elemente, die vor allem durch die halbquantitative Spektralanalyse erfolgt, müssen auch die Methoden der chemischen Bestimmung geringer Metallgehalte aus kleinen Einwaagen in größerem Maße angewendet werden (gegenwärtig kann man bei einer Einwaage von 0,2 g mit einer Genauigkeit bis zur 3. bis 4. Dezimale Pb, Zn, Cu, Ag, Mo und W ermitteln). In zahlreichen Fällen ist nicht so sehr der Gesamtgehalt an Metall von Interesse, als das Vorhandensein desselben in Form von Erzmineralien. Der Aufschluß der Gesteinsproben muß daher mit Säuren bestimmter Konzentrationen oder mit ihnen entsprechenden Salzen, jedoch nicht durch Schmelzen (d. h. nach dem Verfahren der Phasenanalyse), erfolgen.

Bei der geochemischen Prospektion auf verborgene Erzkörper wurden auch die Bohrkerne in Abständen von 2 bis 3 m geochemisch untersucht. Die hierbei gewonnenen Ergebnisse bilden die Grundlage für die geochemischen Schnitte und Profile.

Es werden jedoch nicht nur die festen Gesteine, sondern auch die eluvialen und deluvialen Gesteine, insbesondere die Oxydationszone und ihre Mineralien, geochemisch untersucht. Außerdem erfolgt gleichzeitig eine hydrochemische Untersuchung der Wässer. Seit 1956 werden parallel zu den anderen Verfahren auf den zu erkundenden Lagerstätten und in deren Umgebung

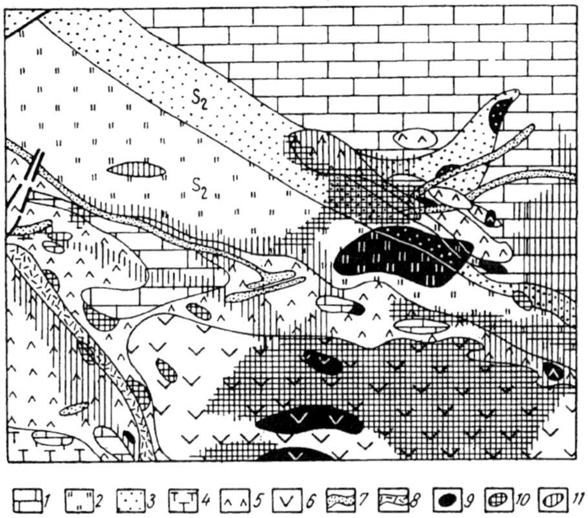

Abb. 2. Mineralisationsfelder und -bereiche des Molybdäns (epigenetisch) (nach I. I. GINSBURG & I. A. RUKAWISCHNIKOWA)

1 — Kalkstein, 2 — Quarzsandstein, 3 — Kieselschiefer, 4 — Tuffe, 5 — Skarne, 6 — effusive Quarzporphyre, 7 — Diabasporphyritgänge, 8 — Aplitgänge, 9 — Bereiche mit Molybdänvererzung, 10 — Bereiche mit Molybdänanreicherung, 11 — Felder mit Molybdändispersion

auch Bodenuntersuchungen durchgeführt. Da ein großer Teil der entnommenen Gesteinsproben nicht nur chemisch, sondern auch petrographisch und mineralogisch untersucht wird, ist es möglich, die geologische Karte zu präzisieren und zu berichtigen und beim Auftreten anomaler Metallgehalte im Gestein oder Mineral die Ursachen für diese Abweichungen zu klären.

Besondere Aufmerksamkeit richten wir auf die Erforschung hydrothermal veränderter Zonen und ihrer supergenen Umbildungsprodukte sowie von Mineralien der Oxydationszone und der obersten Verwitterungsrinde. In den vor allem interessierenden Bereichen werden diese Untersuchungen durch eine Erforschung der Strukturen und der Stratigraphie ergänzt.

Spektralanalytisch werden nicht nur die hauptsächlichsten Erzbestandteile einer Lagerstätte, sondern auch alle Nebenbestandteile, insgesamt etwa 30 Elemente, bestimmt. Auf chemischem Wege wurden früher drei Elemente (Pb, Zn, Cu) ermittelt, seit 1956 mindestens fünf (Pb, Zn, Cu, Ag, Mo), und in Zukunft werden es noch weitere vier Elemente (As, Sb, Te, Hg) sein.

Bei der Auswertung werden die Analysenergebnisse in eine Karte eingetragen. Entsprechend der Art der Zugehörigkeit der einzelnen Metalle zu Strukturelementen oder zusammenhängenden Feldern der verschiedenen Nebengesteine können die syngenetischen und epigenetischen Komplexe, darunter die mit dem Erzbildungsvorgang in Zusammenhang stehenden, ausgesondert werden (s. Abb. 1 und 2).

Es werden jedoch nicht alle gefundenen Komponenten, sondern nur die wesentlichsten — gewöhnlich sind es 12 bis 15 — in die Karten eingetragen. Um eine gute Lesbarkeit zu gewährleisten, gibt man auf jeder Karte nur ein bis zwei Hauptbestandteile und ebenso viele Nebenbestandteile an. Insgesamt werden also drei bis fünf geochemische Karten mit der Verbreitung der einzelnen Metalle angefertigt, denen geochemische Säulen der Bohrungen sowie geochemische Profile beigelegt werden. Zur richtigeren Auswertung der Aufnahmeergebnisse werden die einzelnen Erzmineralien untersucht und ihre Zusammensetzung spektralanalytisch oder chemisch ermittelt. Die Herstellung hydrogeologischer und chemisch-mineralogischer Karten der Lockergesteinsdecken erfolgt einzeln, wenn sich die Arbeiten mit diesen zusätzlichen Untersuchungen verbinden lassen.

Es zeigte sich, daß man bei der Analyse von Bohrkernen aus den oberen 10 bis 15 m für viele Bestandteile im Vergleich mit einem in größerer Teufe entnommenen Kern desselben Gesteins geringere Werte erhält. Die Proben werden, ohne sie vorher zu säubern, entnommen. Nur im Bohrjournal wird der Zustand der Probe vermerkt und später bei der Auswertung der Aufnahmeergebnisse berücksichtigt. Eine parallel hierzu durchgeführte mikroskopische Untersuchung der Probe genügt gewöhnlich, um die Ursachen der Anreicherung oder Verarmung an den verschiedenen Komponenten festzustellen.

Diese umfassenden Erkundungen sind sehr zeitraubend und erfordern die Mitarbeit von Wissenschaftlern verschiedener Fachgebiete. Manche dieser Arbeiten sind nur in wenigen wissenschaftlichen Forschungsinstituten möglich. Zahlreiche methodische Arbeitsgänge jedoch, z. B. hydrochemische Arbeiten, kleine chemische Analysen und sogar eine petrographische Untersuchung oder Schlichauswertung (Konzentratanalyse) des Materials, können durch die bei jedem metallometrischen Trupp befindlichen Geologen im Gelände durchgeführt werden. Die geologischen Kartierungstrupps können aber auch die von ihnen für die petrographische Auswertung entnommenen Proben dem Spektralanalysen-Laboratorium übergeben, damit neben der geologischen Karte auch die entsprechen-

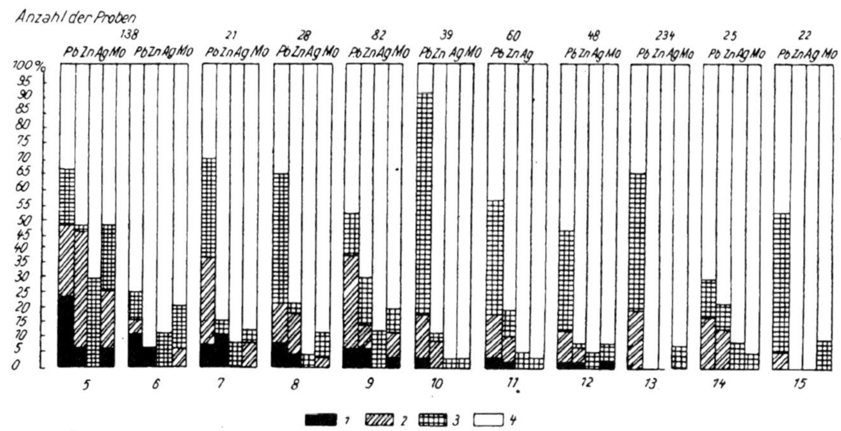

Abb. 3. Mineralisationskoeffizienten von Blei, Zink, Silber und Molybdän bei verschiedenen Gesteinen in einer der Lagerstätten Zentralkasachstans

1 — Erzmineralisation, 2 — angereicherte Mineralisation, 3 — disperse Mineralisation, 4 — sterile Gesteine, 5 — Skarne, 6 — Diabasporphyrite, 7 — Sphärolithporphyre, 8 — Sandsteine, 9 — Granitporphyre, 10 — effusive Quarzporphyre, 11 — Schiefer, 12 — Kalksteine, 13 — konglomeratähnlicher Kalkstein, 14 — Tuffkonglomerate, 15 — konglomeratähnlicher Sandstein

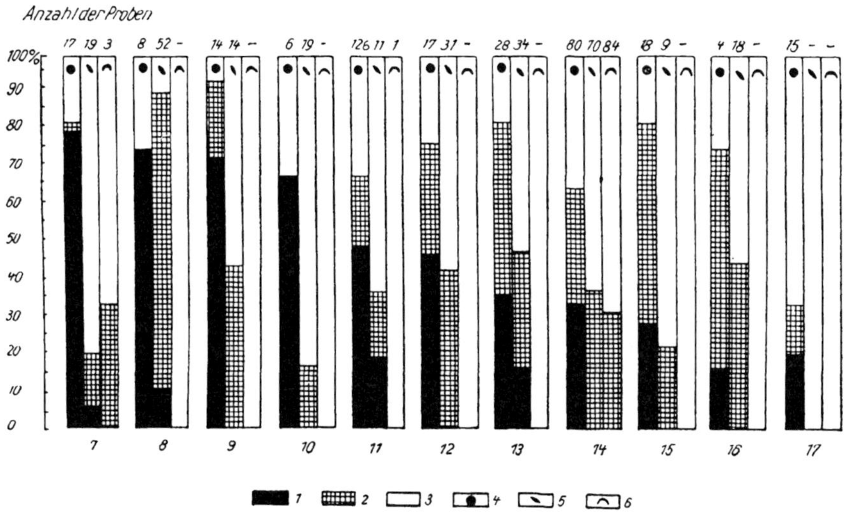

Abb. 4. Koeffizienten der Bleimineralisation bei verschiedenen Gesteinen und Strukturen in einer der Lagerstätten Zentralkasachstans

1 — Erz- und angereicherte Mineralisation, 2 — disperse Mineralisation, 3 — sterile Gesteine, 4 — erzführende Bereiche (Lagergänge und Skarne) an den Bruchlinien, 5 — Gesteine in Faltenschenkeln, 6 — Gesteine im Scheitel der Antiklinale, 7 — Quarzgranitporphyre, 8 — effusive Quarzporphyre, 9 — Sphärolithporphyre, 10 — Tuffkonglomerate, 11 — Skarne, 12 — Schiefer, 13 — Sandsteine, 14 — Kalksteine, 15 — konglomeratähnlicher Kalkstein, 16 — konglomeratähnlicher Sandstein, 17 — Diabasporphyre

den geochemischen Karten hergestellt werden können.

Oft ist es zweckmäßig, die geochemischen Aufnahmen mit den Arbeiten der Geomorphologen, Quartärgeologen und Bodenkundler, manchmal auch mit der Arbeit der Botaniker, zu koordinieren.

Ein großer Teil der Analysen wird im stationären Laboratorium, das im Arbeitsbereich eines oder mehrerer Trupps zu organisieren ist, ausgeführt. Hydrochemische Analysen und auch qualitative Tüpfelanalysen werden an Ort und Stelle durchgeführt. Eine Zeitlang führten wir auch die quantitative chemische Analyse im Gelände durch, überzeugten uns dann aber von der Zweckmäßigkeit der Durchführung dieser Analysen in stationären Laboratorien.

Die Untersuchungsergebnisse

Das umfangreiche untersuchte Material der erforschten Erzfelder brachte folgende Erkenntnisse:

1. Die Spektralanalyse gibt einen Überblick über den Gesamtgehalt an Metallen, während die Phasenanalyse eine Ermittlung der Erzbestandteile in den Proben ermöglicht, was bei den Erkundungen sehr wichtig ist.

2. Von der Erdoberfläche entnommene Gesteinsproben unterscheiden sich von den Bohrkernproben durch einen erhöhten Gehalt an vielen Bestandteilen (Pb, Zn, As, Bi, Mo, Ag). Dieses kann bei falscher Auswertung der Analysenergebnisse und der geologischen Verhältnisse zu einer falschen Schlußfolgerung über das Vorhandensein eines erzreichen Lagers in der Tiefe führen.

3. Wichtig ist die Feststellung der geochemischen Indikatoren für komplexe und andere Erze. Zu diesen gehören: Ag, Ba, Sr, As, Sb, Hg, Co; in zahlreichen Fällen F, B, Mo, Se, Te.

4. Zu verzeichnen ist eine gute Korrelation der Gehalte an Ba, Sr und Pb; Zn, As und Sb; Ag, Pb, Zn und Ba; Ag und Cu; Sb und Hg; Cu und Hg; Cu, Zn, Ag und Bi; Au, Se und Te; Cu und Mo; U und Mo und anderen. Leider werden so empfindliche Indikatoren, wie Ag, As, Hg, Sb, Se und Te, sehr schlecht ausgenutzt. In zahlreichen Fällen können das Vorhandensein von Mikrobestandteilen in den Gittern der Nebenmineralien, ihre absoluten und relativen Gehalte, als sichere Indikatoren einer Vererzung dienen.

5. Die Indikatoren der erznahen Veränderungen — Serizitisierung, Chloritisierung, Feldspatisierung, Verkieselung, Dolomitisierung und so weiter — wurden bis jetzt nur in sehr geringem Maße bei der Prospektion verwendet. Durch Eintragung des Auftretens oder des Entwicklungsgrades dieser Vorgänge in die Karte parallel zur geochemischen Aufnahme oder geochemischen Profilierung der Bohrungen wird es jedoch möglich, die recht charakteristischen Veränderungen zu erkennen, die bei der Erkundung von Lagerstätten verschiedener Typen in den verschiedenen Nebengesteinen berücksichtigt werden müssen.

Da man den Grad dieser hydrothermalen Veränderungen flammenphotometrisch (insbesondere auf K, Na, Ca, Mg, SiO_2) quantitativ bestimmen kann, ist es notwendig, von den bis jetzt angewendeten visuellen Arbeitsverfahren zur Kennzeichnung der hydrothermalen Veränderungen abzusehen, die quantitative Flammenphotometrie anzuwenden und diese dann durch entsprechende mikroskopische Untersuchungen noch zu ergänzen.

6. Man kann verschiedene Ausscheidungsfolgen und Phasen der Mineralbildung vor, während und nach der Erzbildung, manchmal mit gleichen Mineralbestandteilen (Baryt, Pyrit, Arsenkies, Chlorit) unterscheiden, indem man die einzelnen, in Form von Beimengungen zu diesen Mineralien gehörenden Elemente sowie das Verhältnis dieser Beimengungen zueinander untersucht, z. B. im Baryt das Verhältnis Barium zu Strontium und Kalzium; im Pyrit das Verhältnis von Kobalt zu Nickel; in anderen Fällen das Vorhandensein von Arsen, Quecksilber, Antimon und so weiter).

7. Es bestehen korrelative Beziehungen zwischen den physikalischen und chemischen Eigenschaften der Gesteine (zwischen dem Grad ihrer Permeabilität und der chemischen Aktivität, d. h. der Fähigkeit zur metasomatischen Verdrängung) und den sie zusammensetzenden Mineralen. Diese korrelativen Beziehungen tragen nicht nur qualitativen, sondern auch quantitativen Charakter und wirken sich auf die Dispersionsgrößen der einzelnen Elemente in den Gesteinen aus. Bei gleichen Struktur- und sonstigen Verhältnissen weisen Kalksteine, Sandsteine, Schiefer, Tuffe, dichte Effusivgesteine verschiedener Zusammensetzung verschiedene Abmessungen der Dispersionsfelder der einzel-

nen Grundstoffe und verschiedene Koeffizienten der Gesteinsmineralisation auf.

Gegenwärtig sind hierzu nur einzelne interessante, aber zusammenhanglose Angaben vorhanden; denn die systematische Untersuchung der korrelativen Beziehungen zwischen den einzelnen Elementen unter den Bedingungen verschiedener Phasen der Erzbildung und erznaher Veränderungen in einer verschiedenen lithologischen Umgebung mit verschiedenen physikalischen und physikalisch-chemischen Eigenschaften der Gesteine befindet sich erst im Anfangsstadium.

8. Auch für die Deutung der wechselseitigen Zusammenhänge zwischen den Strukturelementen und der Verteilung der einzelnen Elemente in gleichen Gesteinen gibt die geochemische Untersuchung (insbesondere die der Bohrkerne und die Herstellung von Profilen) sowie die geochemische Kartierung viele interessante Daten. Oft haben die geochemischen Aufnahmen mit dazu beigetragen, dislozierte Teile von Erzkörpern oder ihre Fortsetzung aufzufinden. Wichtig sind hierbei Beimengungen von Elementen wie Ag, Bi und anderen, die in zahlreichen Fällen die Richtung der tektonischen Linien wesentlich schärfer anzeigen als die Hauptelemente.

9. Bei der Durchführung geochemischer Aufnahmen tauchte immer häufiger die Frage nach der Bedeutung des Druckgradienten sowie der Konzentrations- und Elastizitätsgradienten der Dämpfe verschiedener Metallverbindungen für die Bildung verschiedener Formen der Erzführung und Erzkörper auf. So ist oft ein verschiedenes Verhalten der einzelnen Elemente (As, Sb, Hg) im Hangenden und Liegenden des Erzkörpers zu beobachten. In der Literatur wird angegeben, daß z. B. Arsen häufig nach oben wandert (nach T. Mitchem bis 110 m, nach G. L. Rossman bis 170 m). Je nachdem, ob der Erzkörper aus derben oder eingesprengten Erzen besteht, ist auch ein Unterschied im Verbreitungsgrad der Erzmineralien zu bemerken. Bei derben Erzen haben manche Elemente (Pb, Cu, Ba) ein sehr schmales, nur einige Meter reichendes Mineralisationsfeld, bei eingesprengten Erzen kann dieses Hunderte von Metern erreichen, was sowohl bei polymetallischen als auch bei Kupfererzen beobachtet werden konnte. Im weiteren Verlauf der Untersuchungen müssen diese Erscheinungen, die bisher nur wenig beachtet wurden, überprüft und ihre Abhängigkeit vom Einfallwinkel der Erzkörper, der Zusammensetzung und Durchlässigkeit der Gesteine im Hangenden und Liegenden des Erzkörpers, der mineralogischen und chemischen Zusammensetzung der Erzmineralien usw. festgestellt werden.

10. Wichtig ist weiterhin die Bestimmung der Kurve für das Absinken des Metallgehalts vom Erzkörper zu den Nebengesteinen. Daten über die Größe der supergenen Mineralisation sind aber nur wenig bekannt. Nach H. Morris & T. Lovering ist eine Bleidispersion in Dolomiten bis höchstens 5 m vom Erzkörper entfernt zu beobachten; K. M. Mukanow bestimmte für Quarzporphyre ungefähr die gleichen Werte. G. L. Rossman gibt sehr hohe Dispersionswerte an, jedoch betreffen diese nicht nur Diffusions-, sondern im wesentlichen Infiltrationseffekte.

Angaben über die supergene Migration in festen Gesteinen machten T. Lovering und L. D. German. T. Lovering gibt für Kalksteine eine Migration des Kupfers von 1—2 m, des Zinks bis zu 30 m, des Silbers bis zu 1—2 m an; für Schiefer eine Migration des Kupfers bis zu 12 m, des Zinks bis zu 45 m, des Silbers bis zu 190 m. In Keratophyren und Tuffen migriert nach L. D. German Blei bis zu 20 m, Zink bis zu 50—67 m, Kupfer bis zu 20—40 m, Silber bis zu 40 m, Arsen bis zu 25—30 m.

Am wahrscheinlichsten ist, daß die in der Natur auftretenden Infiltrationseffekte immer von einem kleinen Diffusionseffekt begleitet werden. Von diesen Effekten wird im Grunde genommen auch die disperse und angereicherte Mineralisation in Gesteinen bestimmt. Mineralisationshöfe in festen Gesteinen, die nur durch einen Diffusionseffekt bedingt sind, spielen bei der Erkundung keine wesentliche Rolle, da die Migrationsfelder und -bereiche hauptsächlich durch Infiltrationseffekte bedingt sind, auf die deshalb besonderes Augenmerk gerichtet werden muß.

11. Bei polymetallischen Lagerstätten ist in Gesteinen, in denen die Erzkörper auftreten, ein verschiedenes Verhalten der Mineralisationsfelder zu beobachten. Kalksteine sind gewöhnlich erzfrei und weisen nur in Zonen tektonischer Störungen und Kontakte epigenetisch angereicherte Zonen sowie Felder und Bereiche, seltener eine disperse Mineralisation auf. Granitoide und saure Effusivgesteine zeigen am häufigsten eine disperse Mineralisation, die in den meisten Fällen syngenetischen Charakter trägt (Pb, Zn, Mo). In tektonischen Bereichen und Kontakten dieser Gesteine ist jedoch auch eine epigenetisch angereicherte und Erzmineralisation zu bemerken. Skarne sind, ähnlich den Kalksteinen in bezug auf Pb, Zn, Cu und Mo, erzfrei. An Kontakten und tektonischen Störungen zeigen sie jedoch epigenetisch angereicherte Erzzonen (von Komplexerzen). Die Mineralisationskoeffizienten sind hier aber wesentlich höher als bei Kalksteinen. Bei Sandsteinen ist häufig eine epigenetische disperse Mineralisation und in Kontakt- und Störungszonen eine erhöhte Mineralisation, bis zur Bildung von Erzkörpern, zu verzeichnen. Gänge effusiver basischer Gesteine sind gewöhnlich erzfrei, weisen aber in Kontaktzonen eine erhöhte epigenetische Mineralisation von der dispersen bis zur Erzmineralisation auf. Gänge saurer Gesteine sind gewöhnlich ebenfalls erzfrei, enthalten aber manchmal „Punkte" disperser und angereicherter Mineralisation. Letztere bildet an den Kontakten angereicherte und vererzte Bereiche. Sind sie durch eine Verwerfung gestört, tragen sie in der Regel epigenetischen Charakter. Schiefer und saure Tuffe zeigen gewöhnlich eine ausgeprägte disperse Mineralisation, seltener eine angereicherte und eine Erzmineralisation. Effusive Quarzporphyre enthalten in Verwerfungszonen nicht selten eine abbauwürdige Vererzung.

12. Da der Baryt der Erzphase häufig der Indikator der Vererzung ist, muß er von in bezug auf die Nebengesteine syngenetischem und von dem nach der Erzbildung entstandenen Baryt unterschieden werden. Weil diese Typen nicht selten zusammen angetroffen werden, ist die Kurve des Barytgehalts an den Profilen häufig breiter und welliger als die Kurve der Erz-Hauptbestandteile.

13. Auf die Verbreitung von Fluor und Bor wurde bisher wenig geachtet. Aber durch frühere Arbeiten in anderen Gebieten (Eisenerz) und auch durch die jetzt von I. W. Witowskaja und I. A. Rukawischnikowa in polymetallischen Lagerstätten Zentralkasachstans durchgeführten Untersuchungen konnte eine weite Verbreitung des Bors in Axinit- und Datolith-

Skarnen festgestellt werden. Die in letzter Zeit in polymetallischen Lagerstätten gefundenen sekundären supergenen, fluorhaltigen Mineralien (außer primärem Fluorit) sowie das in den Wässern aller dieser Lagerstätten enthaltene Fluor und Bor zwingen dazu, diese Elemente ebenfalls als Indikatoren einer polymetallischen und seltene Metalle enthaltenden Vererzung mit sehr weitem Dispersionsfeld anzusehen (nach Angaben von E. I. DOLOMANOWA bis zu 1 km von den Intrusionen bei Fluor und bis zu 500 m bei Bor).

Die Konzentration zahlreicher verschiedenartiger chemischer Elemente an einem Punkt oder entlang einer Linie ist, vor allem, wenn diese Linien mit den Strukturgliedern in Zusammenhang stehen, ein günstiges Anzeichen für eine Vererzung (Abb. 5).

14. Die Verwendung der einzelnen mineralogischen und geochemischen Indikatoren bei der Erkundung in anstehenden Gesteinen ist einerseits vom Maßstab der Aufnahme und andererseits von vorläufigen geologisch-strukturellen und lithologischen Angaben abhängig. Die für das zu untersuchende Gebiet charakteristischsten Indikatoren müssen nach und nach bestimmt werden. Bei der geochemischen Erkundung von Indikatorelementen, die in chemisch und spektralanalytisch schwer zu bestimmenden Mengen enthalten sind, muß die Schlichaufnahme angewendet werden. In manchen der nordöstlichen Gebiete, in denen vor allem Zinn und Gold erkundet werden, können die Schlichmethode die Hauptmethode, die metallometrischen nur die Nebenmethoden darstellen.

15. Eine wesentliche Hilfe bei der Erkundung ist die Erforschung der Mineralien, die sich an der Erdoberfläche oder in geringen Tiefen bilden, z. B. der Mangankrusten, der Eisenhydroxydüberzüge, der Tonmineralien und selbstverständlich der Mineralien der Oxydationszone, weil sich in vielen von ihnen der Metallgehalt im Vergleich zu primären Erzen stark erhöht, wodurch sie auch besonders wertvoll für die Prospektion werden. Sie ermöglichen jedoch nicht immer eine Bewertung der tiefer lagernden Erzkörper. Besonderes Augenmerk verdient die Untersuchung der supergenen Veränderungen der erznahen Zonen mit ihren spezifischen Indikatoren.

16. Die Felder und Bereiche der dispersen und angereicherten Mineralisation können als Ergebnis der Vorgänge der Supergenese an der Erdoberfläche erhöhte Metallgehalte aufweisen, die als sekundäre Dispersionshöfe bezeichnet werden. Diese sekundären Dispersionshöfe bedingen bei der metallometrischen Erkundung die Entdeckung der zahlreichen Höfe. Da sie aber keine Erzmineralisation, sondern eine disperse oder angereicherte Mineralisation in den anstehenden Gesteinen widerspiegeln, muß die Erkundung durch bergmännische Aufschlüsse negative Ergebnisse bringen.

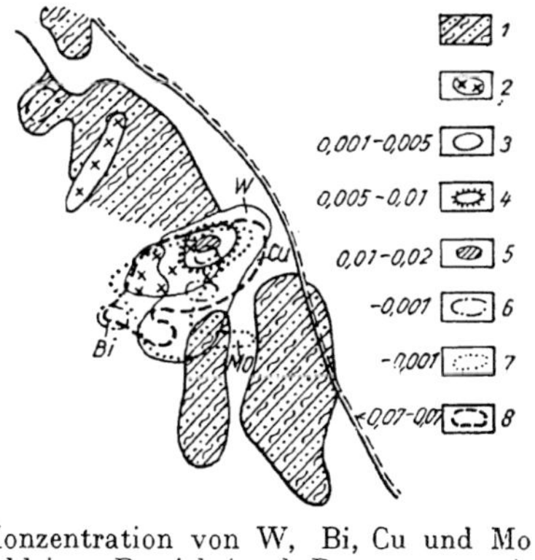

Abb. 5. Konzentration von W, Bi, Cu und Mo in einem kleinen Bereich (nach BENIWALENSKI)

1 – Wechsellagerung von Sandsteinen und Schiefern; 2 – Diorit-Porphyre; 3 – W < 0,005; 4 – W 0,005–0,01; 5 – W 0,01–0,02; 6 – Spuren von Bi – 0,001; 7 – Spuren von Mo – 0,001; 8 – Cu < 0,07–0,07%

Bei der metallometrischen Aufnahme müssen die primären Höfe (d. h. die Mineralisationsflächen) von den eluvial-deluvialen und diese wiederum von den Höfen in holozänen Ablagerungen (d. h. von den Dispersionsströmen) einzeln ausgegliedert werden, weil jeder dieser Höfe einzeln gedeutet werden muß.

17. Größte Bedeutung für das Auffinden nicht zutage ausgehender Erzkörper gewinnen hydrochemische Erkundungen, die eine Ergänzung zu den Erkundungen im festen Gebirge darstellen.

Neben den Hauptmetallen, auf die die hydrochemische Erkundung durchgeführt wird, müssen die Wasserproben auf die Indikatorelemente (As, Sb, Hg, Ba, Sr, F, B, Bi, Ag, Mo, SO_4, Cl) analysiert werden; denn der Gehalt an Hauptelementen, besonders der in geringen Mengen in den Wässern enthaltenen, ist nicht immer ein Anzeichen für eine Erzmineralisation, sondern kann mit der weitverbreiteten dispersen Mineralisation in Zusammenhang stehen. Ebenso zeugt ein geringer oder fehlender Gehalt an Hauptmetall im Wasser noch nicht vom Fehlen einer Vererzung, da das Metall auf seinem Migrationsweg unter für eine Fällung günstigen Bedingungen gänzlich oder zum größten Teil ausgefällt werden konnte.

18. Eine wesentliche Hilfe bei der Erkundung verborgener Erzkörper können bei der geochemischen Aufnahme geophysikalische Methoden (besonders magnetische und elektrische Meßverfahren) sein.

Organisatorische Bemerkungen

Es muß gesagt werden, daß die meisten der in Erkundungstrupps und in Erzgruben arbeitenden Geologen bis jetzt noch keine geochemische Erkundung durchführen. Indessen kann gerade in fördernden Erzgruben und bei zu erkundenden Lagerstätten mit anschließenden erzführenden Feldern die geochemische Erkundung interessante und für die Praxis wichtige Ergebnisse bringen. Außerdem kann eine sorgfältige geochemische Untersuchung der bergmännischen Aufschlüsse helfen, die Erkundungs- und Gewinnungsarbeiten richtig zu lenken und das Auffinden auskeilender, dislozierter und bisher übersehener Erzkörper bzw. neuer Vererzungsbereiche zu fördern. Zahlreiche Geologen stehen bis jetzt den geochemischen Erkundungsmethoden skeptisch gegenüber, und einige Fachleute auf dem Gebiet der metallometrischen Methoden, besonders solche, die mit geologischen Untersuchungsmethoden nicht oder wenig vertraut sind, betonen nicht selten übermäßig die Rolle der metallometrischen Methoden, indem sie ihnen sogar entscheidende Bedeutung bei den Erkundungsarbeiten zuschreiben. Es ist daher nicht selten eine Trennung der geochemischen von den geologischen Erkundungsmethoden zu beobachten. Aber nur in enger Verbindung mit der Geologie des jeweiligen Gebiets, seiner Struktur, Tektonik, Stratigraphie, Lithologie und Geomorphologie kann die geochemische Erkundung erfolgreich verlaufen und wertvolles Material für die Durchführung der geologischen Erkundungsarbeiten und für Voraussagen aller Art liefern.

Geochemische Erkundungen können auf engbegrenzten Feldesteilen einer schon bekannten Lagerstätte zur Erweiterung eines früher aufgefundenen Lagers oder eines Systems von Lagern sowie auch zum Auffinden neuer Lagerstätten innerhalb bisher nicht erkundeter, jedoch größerer Gebiete durchgeführt werden. In der Sowjetunion besitzt der letzte Fall besondere Bedeutung.

Diese umfassende Prospektion, die eine Vereinigung der geologischen, geochemischen und geophysikalischen Untersuchungen vorsieht, ist eine der wirksamsten und wirtschaftlich zweckmäßigsten Methoden zur Erkundung nutzbarer Bodenschätze und zur Lösung großer theoretischer Fragen, die mit der Klärung der Gesetzmäßigkeiten ihrer Verteilung in Zusammenhang stehen.

Geochemische Erkundungen führten in der Sowjetunion und im Auslande zur Erschließung zahlreicher Lagerstätten von Pb und Zn, Mo, Cu, W, Sn, U und anderen Metallen, und zwar entweder direkt im festen Gebirge bzw. ihren eluvialen Umlagerungen oder in fluviatilen Bildungen geringer Mächtigkeit.

Die Forderung nach einer koordinierten Durchführung der Arbeiten und der erhebliche Umfang dieser Arbeiten bedingen eine entsprechende organisatorische Zusammenfassung der Arbeiten, sowohl am Ort der Erkundung als auch in den einzelnen Verwaltungen. Außerdem ist für folgende Aufgaben die Schaffung einer leitenden Stelle erforderlich:

a) Entwicklung von Schnellmethoden für Serien- und exakte Einzelanalysen; Ausarbeitung der Methoden der geochemischen Such- und Kartierungsarbeiten auf verschiedene Metalle, in verschiedenen Gebieten des Landes unter verschiedenen geologischen, geomorphologischen und klimatischen Bedingungen, sowie Entwicklung komplexer Methoden zum Aufsuchen von Lagerstätten und verborgenen Erzkörpern.
b) Konsultationen der Bergbaubetriebe über Fragen der geochemischen Methoden zum Aufsuchen von Lagerstätten.
c) Verallgemeinerung der bei geochemischen Such- und Erkundungsarbeiten gewonnenen Erfahrungen zur weiteren Verbesserung der Methode dieser Arbeiten und Ermittlung der Gesetzmäßigkeiten der Verbreitung einzelner Metalle.
d) Popularisierung der besten Methoden und Mitwirkung bei ihrer Einführung in die Praxis der geologischen Erkundungsarbeiten.
e) Behandlung von Fragen, die mit der Ausbildung des entsprechenden Personals (Geochemiker für Sucharbeiten, Analytiker, Physiker, Chemiker) zusammenhängen.

Zusammenfassung

Verf. schildert die von Mitarbeitern des „Laboratoriums für Verwitterungsvorgänge und geochemische Erkundung" der Akademie der Wissenschaften der UdSSR angewandte Methode der geochemischen Erkundung von Buntmetallen und seltenen Metallen im festen Gebirge. Einige Untersuchungsergebnisse werden erläutert und aus ihnen Schlußfolgerungen für die Organisation derartiger Forschungsarbeiten gezogen.

Резюме

Автор описывает примененный сотрудниками „Лаборатории процессов выветривания и геохимических поисков" Академии наук СССР метод геохимических поисков месторождений цветных и редких металлов в коренных породах. Некоторые результаты исследований подробно объясняются и делаются выводы по организации таких исследовательских работ.

Summary

The author describes the geochemical method of reconnaissance of non-ferrous and rare metals in bed rocks used by collaborators of the „Laboratory for Weathering Processes and Geochemical Reconnaissance" of the Soviet Academy of Sciences. Some results of investigation are explained and conclusions are drawn for the organization of research works such as these.

Die Bedeutung einiger geologischer Strukturen für die Lokalisierung hydrothermaler Vererzung[1]

A. B. KASHDAN, Moskau

Als Ergebnis komplexer geologischer Untersuchungen in einem nicht näher bezeichneten Gebiet der Sowjetunion ließ sich eine Reihe gesetzmäßiger Zusammenhänge zwischen hydrothermalen Erzlagerstätten und Magmatiten einerseits und bestimmten geologischen Strukturen andererseits feststellen.

Das Untersuchungsgebiet, ein kompliziert gebautes Antiklinorium, liegt innerhalb einer jungen E—W streichenden Faltenzone. Der zentrale Teil der Struktur besteht aus präkambrischen metamorphen Schiefern (Amphibol-, Chlorit- und Quarzglimmerschiefer) und paläozoischen, metamorph veränderten Sedimentgesteinen (Tonschiefer, basische Effusiva, Kalke, Porphyrite); er wird von einem petrographisch sehr heterogenen Intrusivkomplex weiter kompliziert. Innerhalb der in vier verschiedenaltrige Gruppen eingeteilten Eruptivgesteine läßt sich eine gesetzmäßige Änderung des Chemismus von basischen Gesteinen der ältesten Gruppe (Gabbrogesteine) über intermediäre und saure Gesteine in der zweiten und dritten (Monzonite, porphyrische Granite) bis zu sauren und Alkaligesteinen in der jüngsten Gruppe (Syenite bis Nephelinsyenite) nachweisen. Allen gemeinsam ist ein erhöhter Gehalt an Alkalimetallen.

Etwa gleichzeitig mit den Hauptintrusionsphasen entstand die heutige Gestalt der Faltenstrukturen. Dabei änderte sich im Laufe des Tertiärs der Deformationsplan, und es kam zu charakteristischen Verbiegungen der Faltenachsen. In engem Zusammenhang mit der Faltung entstand eine achsenparallele Schieferung und eine parallel dazu verlaufende Klüftung; beide verlaufen streng richtunggebunden zu den Faltenachsen und wiederholen auch deren Verbiegungen. Entsprechend verhalten sich große regional zu verfolgende Überschiebungen.

Die tektonisch-petrographische Spezialkartierung ergab, daß die Intrusivgesteine aller Gruppen an langgestreckte Zonen gebunden sind, die mit dem Faltenstreichen zusammenfallen. Die Tatsache, daß in den Intrusiva der beiden letzten Gruppen Spuren einer Schieferung und Klüftung fast vollkommen fehlen und daß die Zusammensetzung auffallend konstant ist, spricht dafür, daß die Granite und Syenite in die bereits gebildeten Faltenstrukturen intrudierten.

Direkt mit der Faltung hängen offenbar etwa senkrecht zum Faltenstreichen orientierte Bruchklüfte zusammen, die sich meist dort häufen, wo die Falten im Streichen umbiegen. Als jüngste Strukturen entstanden Ende Tertiär—Anfang Quartär noch heute aktive Störungen.

[1]) Aus: Trudy instituta geologitscheskich nauk Akademii nauk SSSR, wyp. 162, ser. rudnych mestoroshdenii, Nr. 17, S. 151—157, Moskau 1955. — Ref. von H.-J. TESCHKE

Die hydrothermalen Lagerstätten lassen sich in zwei große Gruppen einteilen: 1. sulfidische polymetallische Lagerstätten und Lagerstätten seltener Metalle in Form von Trümern und Einsprengungen, mit intensiver Veränderung des Nebengesteins (Verquarzung, Sericitisierung, hydrothermale Kaolinisierung und Chloritisierung); 2. Gangzonen oder einzelne Gänge sulfidischer Polymetall-Lagerstätten mit Quarz-, seltener Quarz-Karbonat-Gangart und etwa der gleichen Zusammensetzung wie die erste Gruppe, aber mit weniger intensiver Umwandlung der Nebengesteine.

Bisher wurde die strukturelle Stellung der Vererzung und die Lagerstättenverteilung mit einer großen, etwa E—W streichenden Störung als vermeintlicher Zufuhrspalte der Lösungen in Zusammenhang gebracht. In dieser Richtung erfolgte auch die Lagerstättenerkundung, ohne Alter und Zusammensetzung der Nebengesteine zu berücksichtigen. Während als höffige Struktur lediglich eine schmale Zone beiderseits der Förderspalte angesehen wurde, blieben die tatsächlichen Beziehungen zwischen Vererzung und Intrusivgesteinen weitgehend unbeachtet. Zahlreiche Ausnahmen vom bisherigen Schema zwangen jedoch zu einer Überprüfung und zu einer eingehenden tektonischen Neubearbeitung des gesamten Gebietes.

Als Ergebnis dieser Untersuchungen stellte sich heraus, daß die meisten hydrothermalen Lagerstätten an die höchsten Aufstülpungen und die Kontaktzonen der Granite der dritten Intrusivgruppe geknüpft sind. Die Gesamtbreite der vererzten Kontaktzone beträgt einige Kilometer. Die geologisch-petrographischen Detailarbeiten zeigten weiter, daß in einem schmalen inneren Kontaktbereich Buntmetall-Lagerstätten mit geringen Beimengungen von Hochtemperaturmineralen seltener Metalle in Form von Trümern und Einsprengungen vorkommen. In einem relativ schmalen Bereich der äußeren Kontaktzone nimmt in den Lagerstätten des gleichen Typs die Menge der Einsprengungen stark zu, es treten nur noch seltene Metalle auf. Mit zunehmender Entfernung vom äußeren Kontakthof werden Gangzonen mit gleicher Vererzung immer häufiger, noch weiter entfernt folgen typische Polymetall-Ganglagerstätten.

Die räumliche Beziehung zwischen hydrothermaler Vererzung und Faltenstrukturen äußert sich darin, daß die meisten Lagerstätten wie auch die entsprechenden Granitmassive an großen Antiklinalen oder an deren Flanken konzentriert sind. Besonders charakteristisch ist eine Häufung der Vererzung an Verbiegungszonen der Faltenachsen im Streichen sowie an rechtwinklig zu den Faltenachsen verlaufenden Gleitstörungen. Überwiegend SE—NW streichende erzführende Brüche sind im ganzen Untersuchungsgebiet verbreitet, gruppieren sich aber zu drei breiten Zonen, denen die überwiegende Mehrzahl der hydrothermalen Lagerstätten zugeordnet ist. Unmittelbar erzführend sind sowohl die großen Verschiebungen als auch die zahlreichen Fiederklüfte. In einzelnen Fällen häufen sich Vererzungen auch im Hangendflügel von Überschiebungen, die breite, im Streichen der Faltung liegende Zerschieferungszonen darstellen. Voraussetzung für diese Mineralisation ist, daß die Zonen von jüngeren SE—NW streichenden Störungen geschnitten werden. In solchen Bereichen der Überschiebungen, in denen eine intensive Mylonitisierung zu beobachten ist, fehlen jegliche Anzeichen für eine Vererzung.

Die auf Grund der systematischen tektonisch-petrographischen Untersuchungen einsetzenden Erkundungsarbeiten haben die genannten Gesetzmäßigkeiten bestätigt. In den folgenden Prospektionsarbeiten wurden neue höffige Gebiete ausgeschieden und zahlreiche bauwürdige Lagerstätten gefunden.

Die Sedimentationsverhältnisse während des Oberrotliegenden und Zechsteins im SE-Harzvorland

(Einige Bemerkungen zu Arbeiten von E. KAUTZSCH und B. STEINBRECHER)

WOLFGANG JUNG, Sangerhausen

1. Einleitung

In Auswertung neuer Bohrungen aus dem Bereich der Mansfelder und Edderitzer Mulde hat B. STEINBRECHER in dieser Zeitschrift einige kleinere Arbeiten veröffentlicht, die sich mit der Sedimentation des Oberrotliegenden und des Zechsteins 1 und 2 mit dem Ziel befassen, die Verhältnisse im Kupferschiefer als Lagerstätte näher zu erfassen. Arbeitsrichtungsmäßig folgt er damit G. RICHTER (1941, 1947, 1950).

Auf Grund seiner letzten Publikation (STEINBRECHER 1959 c) schrieb E. KAUTZSCH (1960) eine Erwiderung.

Das Kernproblem des Disputs zwischen KAUTZSCH (1960) und STEINBRECHER (1959c) ist die Deutung der Roten Fäule.

Da die Erscheinung der Roten Fäule zweifellos für den Kupferschieferbergbau und die Erkundung neuer bauwürdiger Kupferschieferlagerstätten eine wichtige Rolle spielt, besitzt die Behandlung dieser Frage nicht nur eine wissenschaftliche, sondern auch eine nicht zu unterschätzende praktische Bedeutung.

Obwohl im folgenden weder die eine noch die andere Deutung der Roten Fäule vollinhaltlich verteidigt bzw. verurteilt oder gar zu der dritten, von HOFFMANN (1924) in die Literatur getragenen Auffassung eine vierte hinzugefügt werden kann und soll, scheint es dennoch angebracht, daß von der Seite derer, die z. Z. täglich mit diesen Fragen in Berührung kommen, dazu Stellung genommen wird. Dabei wird vorwiegend zur Ergänzung des bisher vorliegenden Materials Bezug genommen auf die Gebiete der Sangerhäuser Mulde und des südlichen Kyffhäuservorlandes, in denen in den letzten Jahren recht intensiv und mit beachtlichem wirtschaftlichem Erfolg Erkundungsarbeiten durchgeführt wurden.

Es ist besonders zu betonen, daß die Bemerkungen den Charakter einer vorläufigen Mitteilung tragen. Sie stellen lediglich eine knappe Zusammenfassung dessen dar, was aus unseren verschiedenen Arbeitsrissen eindeutig zu entnehmen ist.

Es ist beabsichtigt, zu gegebener Zeit ausführlich darüber zu berichten und das entsprechende Kartenmaterial zu veröffentlichen. Zur groben Orientierung wird der vorliegenden Arbeit nur ein kleines Übersichtskärtchen der Sangerhäuser Mulde und des Kyffhäusergebiets beigegeben.

2. Mächtigkeitskarten verschiedener permischer Horizonte

Als Ausgangspunkt für die Deutung der Roten Fäule legte STEINBRECHER (1959a—c) Mächtigkeits- und Verbreitungskarten mehrerer permischer Horizonte vor.

So erfährt die Isopachenkarte des oberrotliegenden Sandsteinschiefers, wie sie von E. SCHRÖDER (1934) entworfen und von S. SCHIEMENZ (1953) in einigen

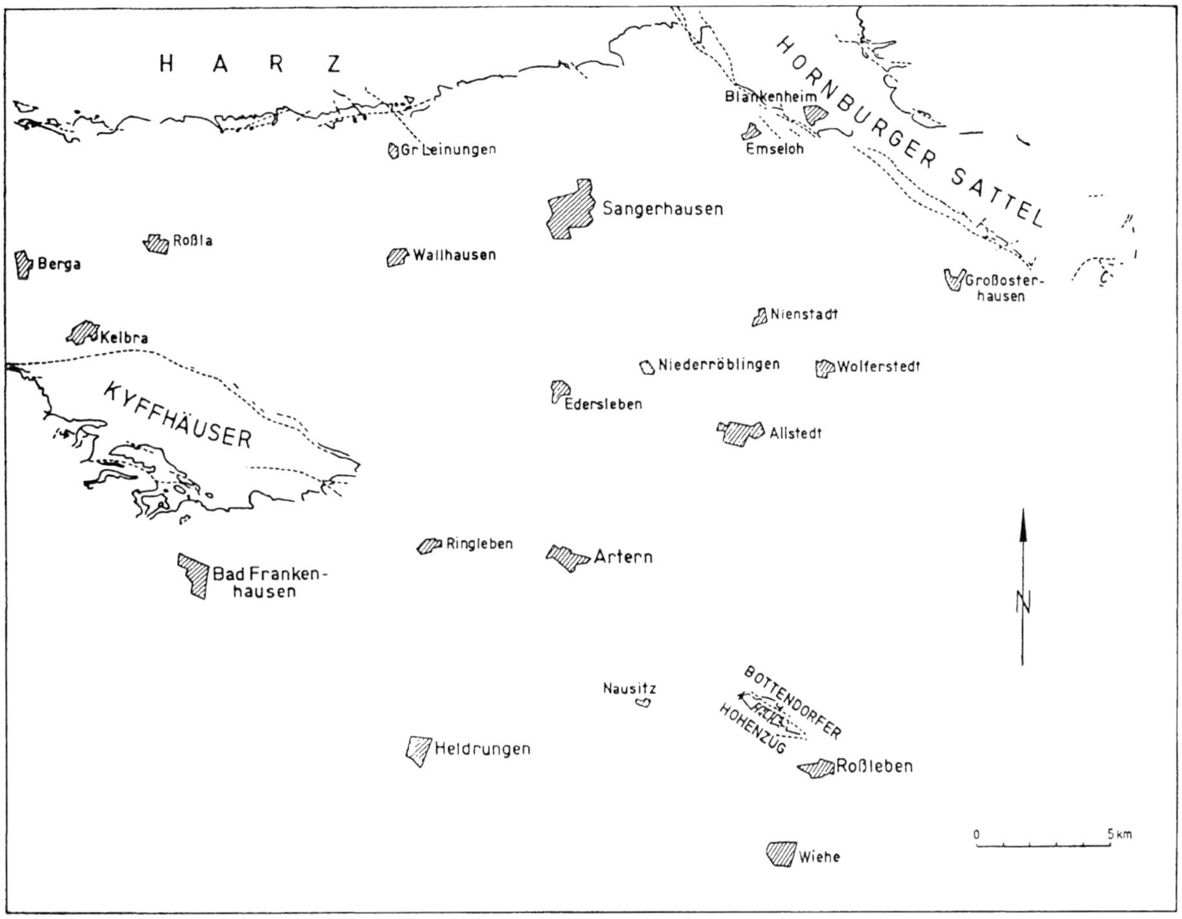

Übersichtskarte der Sangerhäuser Mulde und des Kyffhäusergebietes

Punkten ergänzt wurde, eine Erweiterung für den Bereich der Edderitzer Mulde.

Die östliche Grenze der Verbreitung des Weißliegenden wird für die NE-Flanke der Mansfelder Mulde ergänzt. Für den Bereich der Edderitzer Mulde wird im SE eine sandig-konglomeratische Liegendausbildung ausgeschieden und einer schluffig-tonigen im NW-Teil gegenübergestellt.

Die von G. RICHTER (1941a) publizierte Mächtigkeitskarte des Zechsteinkalks für das SE-Harzvorland wird für den Bereich der Mansfelder Mulde präzisiert, und für das Gebiet der Edderitzer Mulde werden eine kalkige Ausbildung des Flözes und der Dachberge im SE und eine dolomitische Ausbildung dieser geringmächtigen Schichten im NW — für die Berge unter Einschaltung einer kalkig-dolomitischen Übergangsfazies — unterschieden.

Für den Bereich der Mansfelder Mulde wird eine Isopachenkarte der Werraanhydrite vorgelegt, und die von G. RICHTER (1942) veröffentlichte Karte des Sangerhäuser Anhydrits wird für die Mansfelder und Edderitzer Mulde ergänzt und präzisiert.

In kritischer Einschätzung ist zu den STEINBRECHERschen Karten zu sagen, daß in ihnen für den Bereich der Mansfelder Mulde bei weitem nicht alle sicher bekannten und auswertbaren Aufschlüsse berücksichtigt sind. Für den Zechsteinkalk sind es nach freundlicher Mitteilung von W. BUSCH etwa nur ein Viertel. Dadurch wird die Aussagekraft der einzelnen Karten, bezogen auf den heutigen Aufschlußstand, von vornherein zwangsläufig eingeengt. Unsere bisherigen Auswertungsergebnisse gestatten jetzt schon die Aussage, daß die Verhältnisse teils komplizierter, teils sogar grundsätzlich anders sind, als von STEINBRECHER dargestellt.

Für die Mächtigkeitskarte der Werraanhydrite in der Mansfelder Mulde sind die Mächtigkeiten für den Unteren und Oberen Werraanhydrit addiert worden. Nun liegt aber, wie allgemein bekannt, zwischen diesen das Älteste Steinsalz, welches faziell von einer geringmächtigen, aber eindeutig erkennbaren Anhydritlage vertreten wird (vgl. W. JUNG 1960).

Es ist aber methodisch nicht angängig, zwei Horizonte, die durch einen dritten getrennt werden, ohne Berücksichtigung dieses Schichtgliedes mächtigkeitsmäßig zu addieren mit der Zielsetzung, aus diesen Werten verwertbare Unterlagen zur Rekonstruktion der paläogeographischen Verhältnisse zu erhalten.

Schließlich sei hier noch gestattet, zu bemerken, daß es wunder nimmt, daß die Karten des Sandsteinschiefers und des Sangerhäuser Anhydrits für den Bereich der Mansfelder und Edderitzer Mulde, die Karten für den Zechsteinkalk und den Werraanhydrit nur für die Mansfelder Mulde und die petrographischen bzw. chemischen Unterschiede des unmittelbar Liegenden des Kupferschieferflözes, des Kupferschiefers selbst und seines unmittelbar Hangenden in Verbindung mit einer erzfaziellen Differenzierung nur für die Edderitzer Mulde gezeichnet wurden.

Auf Grund der ebenangeführten Tatsachen erscheinen die aus den STEINBRECHERschen Kärtchen vom

Bearbeiter gezogenen Schlußfolgerungen in einem anderen Licht.

Für die Gebiete der Sangerhäuser Mulde und des südlichen Kyffhäuservorlandes wäre unter dem eingangs genannten Aspekt ergänzend folgendes mitzuteilen:

a) Eislebener Schichten

Die Mächtigkeit des Porphyrkonglomerats unterliegt im Untersuchungsbereich größeren Schwankungen. Während es bei Großleinungen bereits vollständig fehlt, beträgt seine Durchschnittsmächtigkeit im Grubengebäude des Thomas-Müntzer-Schachtes 7—10 m und weist im Raum von Wiehe, wie durch zwei Bohrungen nachgewiesen werden konnte, eine Mächtigkeit von rd. 20 m auf. Es transgrediert am Kyffhäuser und im Bereich des Thomas-Müntzer-Schachtes auf den Mansfelder Schichten des Stefans und im Raum Wiehe auf dem Mischkörnigen Sandstein, der mit Vorbehalt in das Unterrotliegende zu stellen ist (E. v. HOYNINGEN-HUENE 1958).

Nach der Karte der Verbreitung und Mächtigkeit des Sandsteinschiefers von E. SCHRÖDER (1934) und einigen Ergänzungen von S. SCHIEMENZ (1953) ist dieser Horizont im Bereich der Sangerhäuser Mulde nur für das Nordfeld des Thomas-Müntzer-Schachtes vorhanden.

Durch unsere Bohrungen ist nun auch eine Verbreitung im Gebiet zwischen Heldrungen—Artern eindeutig nachgewiesen worden (vgl. W. JUNG & F. GEORGI 1959, Abb. 4). Die größte erbohrte Mächtigkeit beträgt 8,15 m. Isopachen können nicht gezeichnet werden, da der Sandsteinschiefer nirgends durchteuft wurde. Sicher ist aber, daß dieses Vorkommen quer zum Streichen eine relativ geringe Ausdehnung besitzt und etwa auf den Raum Ringleben—Nausitz beschränkt bleibt, da nordwestlich bzw. südöstlich der genannten Orte eindeutig Porphyrkonglomerat als Unterlage der untersten Zechsteinschichten festgestellt wurde.

Im Zwischengebiet, also im Bereich Sangerhausen—Blankenheim—Artern, konnte bisher nur in einer Bohrung eindeutig Sandsteinschiefer festgestellt werden. Diese Bohrung liegt etwa 2 km nordöstlich Allstedt. Der bei einer weiteren Bohrung etwa 2 km östlich Allstedt unter dem Zechsteinkonglomerat erbohrte 90 cm mächtige Sandsteinhorizont kann nur mit Vorbehalt als Sandsteinschiefer angesehen werden.

Die bisherigen Aufschlüsse in den Grubengebäuden der Sangerhäuser Mulde sind m. E. dahingehend zu beurteilen, daß ein eindeutiger Nachweis dieses Horizonts noch nicht erbracht werden konnte. Die von MERTKE (1959) für das gesamte Nordfeld des Thomas-Müntzer-Schachtes als Sandsteinschiefer ausgeschiedene 30—50 cm mächtige graubraune kompakte Sandsteinbank zeigt keine für diesen Horizont typische Ausbildung. Auf keinen Fall ist, wie auch M. KURZE (1959) berichtet, der Sandsteinschiefer im Nordteil der Sangerhäuser Mulde durchgehend vertreten. Seiner Meinung, daß die Begrenzung und Morphologie des Senkungsraumes der Sandsteinschieferablagerung im Nordteil der Sangerhäuser Mulde komplizierter waren, als bisher angenommen wurde, möchte ich beipflichten und diese Aussage auf das gesamte Untersuchungsgebiet ausgedehnt wissen.

b) Weißliegendes und Zechsteinkonglomerat

Grundsätzlich muß hier vorausgeschickt werden, daß auf Grund von Bohrungen zunächst ein einwandfreier Unterschied dort außerordentlich erschwert wird, wo nur wenige Dezimeter ins Liegende des Kupferschiefers gebohrt wird. Es ist nämlich festzustellen, worauf auch F. MEINECKE (1913) schon hingewiesen hat, daß die hangende Partie des Zechsteinkonglomerats (ca. 10—40 cm) sehr oft als feinkörniger grauweißer Sandstein vorliegt, also eine dem Weißliegenden ähnliche Ausbildung aufweist. Die bei der Aufnahme der Bohrung vorgenommene stratigraphische Einstufung ist daher oft unsicher. Des weiteren ist die Ausscheidung des Zechsteinkonglomerats überall dort nicht 100%ig sicher, wo der Sandsteinschiefer fehlt. Da es außer Fossilien keine eindeutigen Kriterien gibt, die Porphyrkonglomerat vom Zechsteinkonglomerat zu unterscheiden gestatten, gibt es eine Reihe von Fällen, wo der eine Bearbeiter für das konglomeratische Liegende Grauliegendes — also gebleichtes Porphyrkonglomerat — angibt und der andere Zechsteinkonglomerat (vgl. E. von HOYNINGEN-HUENE 1958).

Unter ausdrücklichem Hinweis auf diese Unsicherheiten läßt sich z. Z. für das Untersuchungsgebiet nur sagen, daß ein zusammenhängendes Zechsteinkonglomerat-Verbreitungsgebiet südöstlich der Linie Großosterhausen—Niederröblingen—Artern und zum anderen ein kleineres im NE-Teil der Sangerhäuser Mulde zwischen Sangerhausen—Emseloh sowie auf Grund älterer Bohrungen im Raum Roßla bekannt ist. Die Begrenzungslinien erscheinen mehrfach gebuchtet. Die erstgenannte Linie stellt im großen und ganzen die erzgebirgisch gerichtete Fortsetzung der östlichen Verbreitungsgrenze des Weißliegenden aus der Mansfelder Mulde dar.

Ein größeres zusammenhängendes Weißliegend-Verbreitungsgebiet liegt im Bereich Sangerhausen—Wallhausen—Edersleben—Niederröblingen. Die Mächtigkeit des Weißliegenden beträgt in diesem Gebiet max. 6 m.

Problematisch ist nach wie vor die stratigraphische Stellung des Weißliegenden. Daß es sich dabei grundsätzlich um Dünen handeln soll, hat auf Grund der wiederholt zu machenden Beobachtung eines konglomeratischen Fußes und der Einschaltung toniger Schlieren (wlk- und wlp-Zonen im Sinne MERTKES) ebenfalls keineswegs als sicher zu gelten. Die in der Literatur verbreitete Meinung, daß die Sandsteinschieferund Weißliegendverbreitung zusammenfallen (G. LUDWIG 1927), trifft auch für unser Gebiet nicht zu. In dem erwähnten Sandsteinschiefer-Verbreitungsgebiet im Raum Ringleben—Nausitz ist bis auf eine Ausnahme im Hangenden des Sandsteinschiefers das Zechsteinkonglomerat in einer Mächtigkeit von 2—3,5 m erbohrt worden.

c) Zechsteinkalk

Die Mächtigkeit des Zechsteinkalks nimmt im SE-Harzvorland, wie G. RICHTER (1941 a und b) schon gesagt hat, von Süden nach Norden zu. So liegt die Durchschnittsmächtigkeit im Bereich von Wiehe—Artern zwischen 2—3 m, im Raum Allstedt—Niederröblingen zwischen 3—4,5 m und in der Umgebung von Sangerhausen zwischen 4,5 und 5,5 m. Die Mächtigkeitszunahme erfolgt aber nicht kontinuierlich. Es lassen sich vielmehr erzgebirgisch und herzynisch gerichtete relativ schmale Bereiche annähernd gleicher Mächtigkeiten erkennen, die öfter wechseln und so insgesamt zu der Vorstellung eines flach welligen Beckenbodens führen.

Das kann man nach meinem Dafürhalten auch aus der STEINBRECHERschen Karte für die Mansfelder Mulde ablesen.

Das Hervortreten der beiden Richtungen ist aus den RICHTERschen Karten ebenfalls schon zu ersehen. Die wesentlich größere Aufschlußdichte läßt allerdings das Bild komplizierter erscheinen, als es vor 20 Jahren von RICHTER skizziert wurde.

d) Unterer Werraanhydrit

Auch für den Horizont des Unteren Werraanhydrits lassen sich Mächtigkeitsunterschiede erkennen. Der absolute Mächtigkeitsunterschied kann mehr als 20 m betragen. Im Gegensatz zum Zechsteinkalk und in Übereinstimmung mit den jüngeren Zechsteinschichten ist eine generelle Zunahme der Mächtigkeit in irgendeiner Richtung nicht festzustellen. Aus den unterschiedlichen Mächtigkeiten gewinnt man vielmehr den Eindruck, daß auch während der Zeit der Ablagerung dieses Horizontes eine gewisse Wellung des Beckenbodens vorhanden gewesen ist.

Die erzgebirgische Richtung tritt im Vergleich zum Zechsteinkalk markanter hervor. Aber auch die Andeutung von herzynischen Elementen ist nicht zu bestreiten.

Die von G. RICHTER (1941 a) postulierte „Platte von Wallhausen—Edersleben" ist nicht existent. Davon abgesehen, daß RICHTER damals der Fehler unterlief, für den Unteren Werraanhydrit bei der Bohrung Kyffhäuser 3 die Mächtigkeiten für Oberen und Unteren Werraanhydrit einzusetzen, haben unsere neuen Bohrungen das eindeutig gezeigt.

e) Werrasteinsalz

Die z. Z. der Ablagerung des Werrasteinsalzes stattgehabte Faziesdifferenzierung (vgl. W. JUNG, 1960 a) läßt für den einheitlichen Faziesbereich, um den es sich für das Gebiet des SE-Harzvorlandes bei großräumiger Betrachtung handelt, besonders deutlich ein vorhanden gewesenes Relief erkennen. Die Areale mit mächtigerem Ältesten Steinsalz (> als 9 m) sind sehr schmal, wie das auch für die steinsalzfreien Gebiete zu ersehen ist.

Unverkennbar tritt die erzgebirgische Richtung hervor. Die von G. RICHTER (1941) konstruierten Isopachen für das Werrasteinsalz vermitteln eine unrichtige Vorstellung von den tatsächlichen Verhältnissen.

f) Oberer Werraanhydrit

Auch für den Oberen Werraanhydrit kann man auf Grund der unterschiedlichen Mächtigkeiten auf einen modellierten

Beckenboden schließen. Die auf der Karte heraustretenden Undationen sind hier allerdings nicht so deutlich wie bei den bisher behandelten Horizonten.

g) Stinkschiefer und Basalanhydrit

Die annähernd konstante Mächtigkeit des Stinkschiefers und die gleichbleibende petrographische Ausbildung lassen darauf schließen, daß das Relief des Beckenbodens quasi ausgeglichen gewesen sein muß.

In ähnlicher Weise trifft das für den geringmächtigen Basalanhydrit zu. Allerdings machen sich hier an der Oberkante des Basalanhydrits auf Grund feinstratigraphischer Untersuchungen (vgl. W. JUNG 1960 b) äußerst geringe Faziesdifferenzierungen bemerkbar, die zur Vermutung wieder aufkommender Niveauunterschiede Anlaß geben könnten.

Daß im Zentrum der Mansfelder Mulde durch das wahrscheinlich primäre Fehlen des Stinkschiefers und Basalanhydrits sowie älterer und jüngerer Zechsteinschichten, worauf ich (W. JUNG 1958 a) bereits hingewiesen habe, Sonderverhältnisse geherrscht haben, soll hier nochmals vermerkt sein.

h) Staßfurtsteinsalz

Bedingt durch die Vorgänge der Aus- und Ablaugung des Salzes geben die jetzt vorliegenden Mächtigkeiten nur wenig konkrete Hinweise auf ein evtl. vorhanden gewesenes Relief. Daß aber auch in unserem einheitlichen Faziesbereich nicht unerhebliche primäre Mächtigkeitsunterschiede vorhanden sind (vgl. hierzu auch G. SCHULZE 1959), geht aus mehreren Bohrungen hervor. So variiert die Mächtigkeit des Staßfurtsalzes unter dem Kalilager der Staßfurtserie im Gebiet südöstlich Heldrungen von 220—430 m und im Raum südöstlich Allstedt von 480—670 m, somit die Tendenz der Mächtigkeitszunahme nach NE anzeigend.

Eine am Ende der Staßfurtsalzabscheidung einsetzende Aufgliederung in ,,Schwellen" und ,,Tröge" gibt sich durch die stellenweise zu beobachtende Faziesvertretung der Hangendpartien des Staßfurtsteinsalzes mit den Liegendschichten des Sangerhäuser Anhydrits deutlich zu erkennen (W. JUNG 1958 b).

i) Sangerhäuser Anhydrit / Kalilager Staßfurt

Noch eindeutigere Faziesunterschiede lassen sich für das Hangende des Staßfurtsteinsalzes nachweisen. Entsprechend unseren jetzigen Vorstellungen müssen wir den Sangerhäuser Anhydrit als auf einer Schwelle zur Ablagerung gekommenes Sediment betrachten. Die Richtigkeit dieser Vorstellung wird klar mit der wiederholt gemachten Beobachtung des Auftretens von 20—30 cm mächtigen roten Tonlagen im Sangerhäuser Anhydrit unterstrichen.

Sein fazielles Äquivalent ist nach W. JUNG (1958 b) das Kalilager, welches in Senken zur Ablagerung kam.

Daß auch innerhalb des Verbreitungsgebietes des Sangerhäuser Anhydrits noch auf einen modellierten Beckenboden zu schließen ist, ergeben die Mächtigkeitsunterschiede des Sangerhäuser Anhydrits, die recht beträchtlich sein können und Werte bis 100 m erreichen, und die vorstehend bereits erwähnte stellenweise fazielle Vertretung mit den Hangendpartien des Staßfurtsalzes.

Daß neben der erzgebirgischen Richtung auch eindeutig die herzynische Richtung beim Sangerhäuser Anhydrit auftritt, habe ich früher bereits erwähnt und darf hier unter Berücksichtigung unserer neuen Ergebnisse nur nochmals bekräftigt werden.

Wie ich ebenfalls bereits früher (W. JUNG 1958 b) berichtete, ist die Faziesdifferenzierung und damit zu einem gewissen Grade das bestandene Relief des Beckenbodens mit der Ablagerung des Deckanhydrits beendet; denn unabhängig, ob im Liegenden Sangerhäuser Anhydrit oder Kalilager angetroffen werden, zeigt der Deckanhydrit überall dieselbe Ausbildung.

j) Grauer Salzton und Hauptanhydrit

Von den tektonisch stärker beanspruchten Gebieten abgesehen, lassen die wenig schwankenden Mächtigkeiten des Grauen Salztons und des Hauptanhydrits keine größeren Niveauunterschiede des Beckenbodens in unserem Bereich erkennen. Das wird noch unterstrichen durch die Möglichkeiten einer über größere Bereiche gültigen feinstratigraphischen Gliederung. Lediglich an der Oberkante des Hauptanhydrits zeigen geringfügige Faziesdifferenzierungen, die auf Grund der feinstratigraphischen Untersuchungen nachgewiesen werden konnten (vgl. W. JUNG 1960 b), ein wieder hervortretendes Relief an.

Somit sind die Verhältnisse am Ende des Zechsteins 2 und Beginn des Zechsteins 3 denen am Ende des Zechsteins 1 und Beginn des Zechsteins 2 ähnlich.

k) Leine- und Allersteinsalz

Da unsere Bohrungen bisher in den weitaus überwiegenden Fällen über dem Hauptanhydrit eine 20—30 m mächtige Gesteinsfolge von Tonen und Gips, Anhydrit, Dolomit und Kalksteinen antrafen, die in den Bohrjournalen als ,,Auslaugungsreste" oder ,,Einsturzbrekzie der Niedersachsen-Serie" bezeichnet werden (vgl. W. JUNG 1958 c), können wir zwangsläufig zu den Salzhorizonten des Zechsteins 3 und 4 keine das Gesamtbild des Zechsteins abrundenden Bemerkungen machen. Es sei in diesem Zusammenhang nochmals auf die Untersuchungen G. SCHULZES (1959) hingewiesen.

l) Roter Salzton, Pegmatitanhydrit und Grenzanhydrit

Auf Grund der unter k) genannten Verhältnisse können wir die vorstehend genannten Horizonte einer weiteren Betrachtung nicht unterziehen. Nach dem vorstehend Geschilderten werden sie wohl auch schwerlich konkrete Hinweise geben können.

3. Verbreitung der Roten Fäule und erzfazielle Differenzierung im Kupferschiefer

In Fortführung der grundlegenden Arbeiten G. GILLITZERS (1930, 1935, 1936) hat sich neben G. RICHTER (1941 a, 1941 b, 1947, 1950) E. KAUTZSCH (1942, 1950, 1954, 1958) wiederholt zum Problem der Roten Fäule und der erzfaziellen Differenzierung im Kupferschiefer geäußert. In seiner letzten Arbeit (KAUTZSCH 1958) veröffentlichte er eine Karte zur primären Metallogenese im Kupferschiefer für das südöstliche Harzvorland. Dazu sind — ohne hierbei auf Detailfragen eingehen zu können — ergänzende Bemerkungen zu machen:

a) Südwestlich Artern, also etwa in erzgebirgischer Fortsetzung des GILLITZERschen Kernstrichs, wurde in einigen Bohrungen Rote Fäule angetroffen. In anderen war, ohne irgendwie die Erscheinung der Roten Fäule makroskopisch beobachten zu können, das Kupferschieferflöz bezüglich des Metallgehalts vollkommen steril. An den Rändern des Rote-Fäule-Verbreitungsgebietes bzw. des ,,primär vertaubten" Areals erbrachten Bohrungen gute Kupfergehalte.

Ob die Erstreckung der Roten Fäule in diesem Bereich grundsätzlich in erzgebirgischer Richtung weiterverläuft oder vollständig bzw. mit einem ,,Teilast" in die herzynische Richtung umbiegt, kann z. Z. nicht gesagt werden. Einige Befunde lassen jedoch vermuten, daß auch eine weitere Erstreckung in herzynischer Richtung möglich ist.

b) Auf Grund der wenigen Bohrungen im NE-Teil der Sangerhäuser Mulde hat es nicht als unbedingt sicher zu gelten, daß die Rote Fäule über so weite Flächen durchweg vorhanden ist, wie man das aus der Karte entnehmen muß. Das gleiche trifft auch für das zusammenhängend dargestellte Rote-Fäule-Gebiet in der NE-Flanke der Mansfelder Mulde zu. Aus den bisher abgebauten Feldesteilen in der Mansfelder und Sangerhäuser Mulde kennen wir so etwas nicht. Eine Auflösung des GILLITZERschen Kernstrichs in Inseln verschiedener Größe scheint wahrscheinlicher; das um so mehr, da die jüngsten bergmännischen Auffahrungen in der Sangerhäuser Mulde in dem — mit Ausnahme der zwei Rote-Fäule-Inseln westlich des Thomas-Müntzer-Schachtes und im Bereich von Wolferstedt — zusammenhängend dargestellten Kupferfeld unvermittelt Rote Fäule angetroffen haben und quasi ebenso unvermittelt wieder in gut vererzte Partien gelangt sind. Auf alle Fälle ist aber der Rand der Rote-Fäule-Verbreitung wesentlich stärker gebuchtet.

c) Bei den auf der Karte zusammenhängend dargestellten ,,Säumen" muß man sich überhaupt darüber im klaren sein, daß sie das zu Papier gebrachte Ergebnis einer recht großzügigen Generalisierung sind. Die Begrenzungslinien zwischen den einzelnen Arealen sind grundsätzlich wesentlich stärker gebuchtet. Der zusammenhängend dargestellte Kupfersaum im Bereich Nienstedt—Wolferstedt wird von einem breiteren, herzyne Erstreckung aufweisenden Areal mit Pb- und Zn-Vormacht unterbrochen.

Der ebenfalls zusammenhängend dargestellte Pb- und Zn-Saum ist in dieser Form nicht vorhanden. Er ist auf größere Flächenerstreckung hin schmäler, gebietsweise wahrscheinlich überhaupt nicht existent und in einigen Bereichen breiter als eingezeichnet.

d) Die in den letzten Jahren in der Sangerhäuser Mulde durchgeführten Erkundungsarbeiten haben im Gebiet Allstedt—Edersleben—Wallhausen, also südlich bzw. westlich des auf der KAUTZSCHschen Karte dargestellten Pb-Zn-Saums, über größere Erstreckung hin gute bis sehr gute Kupfergehalte festgestellt.

Rote Fäule ist bisher weder nördlich noch südlich dieses Saums angetroffen worden, was allerdings nicht gleichbedeutend ist mit der grundsätzlichen Verneinung von Rote-Fäule-Inseln in diesem Bereich. Mit Sicherheit kann man aber sagen, daß diese Inseln gebietsweise dann eine sehr geringe Erstreckung besitzen.

e) Wenn man Bereiche mit Vormacht irgendwelcher Metalle im Kupferschiefer kartenmäßig ausgliedert, dann muß man entsprechend dem Wort „Vormacht" auch wirklich verfahren, wobei die Metallschüttung pro m^2 ausschlaggebend ist und nicht festgelegte Konditionen, nach denen metallische Vorräte hinsichtlich ihrer volkswirtschaftlichen Bedeutung einzugruppieren sind.

Im Bereich der Edderitzer Mulde sind rd. 50 Bohrungen niedergebracht worden, von denen lediglich die Ergebnisse von zwei Bohrungen ein Überwiegen der Cu-Gehalte zeigen. Alle anderen Bohrungen erbrachten, wenn auch mitunter noch Kupfergehalte aufweisend, die zur Eingruppierung von bedingten Cu-Außerbilanzvorräten und Cu-Außerbilanzvorräten berechtigen, ein deutliches Überwiegen der Pb- und Zn-Gehalte. Das „Cu-Vormachtsareal" in der Edderitzer Mulde ist also nicht größer als maximal 2 km^2.

Unter diesem Aspekt wertet der Verf. auch die von STEINBRECHER (1959b) publizierte Arbeit über die erzfazielle Differenzierung des Kupferschiefers in diesem Raum.

4. Zusammenhang zwischen paläogeographischem Bild und erzfazieller Differenzierung

Aus den unter Punkt 2 gemachten Ausführungen ist ersichtlich, daß in unserem relativ einförmigen Faziesbereich — daß es sich im großen betrachtet um einen solchen handelt, beweisen die für das gesamte SE-Harzvorland in gleicher Weise durchzuführenden feinstratigraphischen Aufgliederungen verschiedener Anhydrithorizonte (W. JUNG 1958a, 1960a, b) und die Ergebnisse der kombiniert feinstratigraphisch-geochemischen Untersuchungen (vgl. W. JUNG & G. KNITZSCHKE 1960a, b) — „Schwellen" und „Tröge" existent sind. Es muß aber hier nochmals mit Nachdruck betont werden, daß es trotz des relativ dichten Bohrnetzes sehr schwierig ist, für einzelne Zeitabschnitte diese Elemente voneinander abzugrenzen. Unsere bisherigen Untersuchungen lassen auch noch keinen eindeutigen Schluß darauf zu, ob die Tendenzen der Sedimentation über die gesamte Zeit des Zechsteins hindurch gleichgerichtet waren oder in einigen Arealen auch gegensätzliche Tendenzen auftreten.

Lassen nun die erzfaziellen Differenzierungen im Kupferschiefer offensichtliche Beziehungen zu dem paläogeographischen Bild erkennen? Im Gegensatz zu mehreren Autoren muß — um das Ergebnis gleich vorwegzunehmen — zum Ausdruck gebracht werden, daß offensichtliche Beziehungen z. Z. nicht erkannt werden können. Im einzelnen muß folgendes gesagt werden:

a) Ein Zusammenfallen von Verbreitungsgebieten des Sandsteinschiefers mit Metallanreicherungen im Kupferschiefer ist nicht vorhanden, wie bereits KAUTZSCH (1960) richtig bemerkte. Im Sandsteinschiefer-Verbreitungsgebiet zwischen Ringleben und Nausitz haben die Bohrungen sowohl Rote Fäule als auch bauwürdige Cu-Gehalte nachgewiesen. Es gibt des weiteren Areale, wo im Flöz nennenswerte Pb- und Zn-Gehalte festgestellt und im Liegenden des Kupferschiefers eindeutig Sandsteinschiefer nachgewiesen wurde.

b) Unabhängig davon, ob das Liegende des Kupferschiefers als Zechsteinkonglomerat, Weißliegendes oder Grauliegendes ausgebildet ist, kann das Flöz taub sein bzw. gute Cu-Gehalte oder höhere Pb- und Zn-Gehalte aufweisen oder auch die Erscheinung der Roten Fäule zeigen.

c) Die von G. RICHTER (1941a) auch für andere Gebiete vertretene Auffassung und jetzt von STEINBRECHER für die Mansfelder Mulde erneut aufgegriffene Vermutung, daß wir in der gesamten Umgebung des Ostharzes nennenswerte Kupferführung ausschließlich in der Zone mit mächtigem Zechsteinkalk finden, kann hauptsächlich im Hinblick auf die im Raum Allstedt—Artern erzielten Ergebnisse keinesfalls in vollem Umfang anerkannt werden, wie bereits KAUTZSCH (1954) bemerkte. Größere Wahrscheinlichkeit besitzt nach meinem Dafürhalten von vornherein die RICHTERsche Aussage, daß sich „die hohen Kupferwerte an solche Stellen halten, wo gewisse Mächtigkeitsschwankungen vorliegen".

Daß auch für andere Gebiete diese Beziehungen nicht offensichtlich sind, wird beispielsweise bei einem Vergleich der von RICHTER und den früher von der Markscheiderei in Eisleben entworfenen Mächtigkeitskarten des Zechsteinkalkes und Metallverteilungsrissen augenscheinlich.

d) Beziehungen zu jüngeren Zechsteinhorizonten, wie sie neuerdings STEINBRECHER (1959c) in Fortführung und Ergänzung der RICHTERschen Arbeitsweise geäußert hat, sind zunächst nach meiner Ansicht nicht so überzeugend, wie sie der Autor selbst sieht, obwohl diese Betrachtungsweise zweifellos etwas für sich hat und auch von uns schon seit längerem befolgt wird.

5. Über die Rote Fäule

Wie bereits eingangs erwähnt, bezieht sich die Kontroverse zwischen KAUTZSCH und STEINBRECHER auf die Deutung der Roten Fäule. Ersterer sieht bekanntlich in Anlehnung an GILLITZER (1935, 1936) in der Roten Fäule eine Muldenfazies, die Zuflußwege sauerstoffreicher Wässer, während STEINBRECHER die Rote Fäule als eine Art Schwellenfazies betrachtet.

Dazu muß zunächst bemerkt werden, daß die STEINBRECHERsche Auffassung nicht prinzipiell neu ist. So hat GILLITZER in seiner unveröffentlichten Arbeit (1930) folgendes zum Ausdruck gebracht: „Während in der Mansfelder Mulde die Rote Fäule die südliche Seichtzone der Mansfelder Tiefenfurche darstellt, was aus der Kartierung deutlich hervorgeht, scheint die Rote Fäule im Sangerhäuser Revier der nördlichen Seichtzone der Tiefenfurche anzugehören, falls eine solche in dieser Gegend überhaupt noch vorliegen soll." Daß derselbe Autor in wenigen Jahren zu einer gegenteiligen Auffassung gelangt, ist immerhin bemerkenswert.

Auch G. RICHTER (1947) bringt auf einer profilmäßigen Darstellung eindeutig das Gebundensein der Roten Fäule an Schwellen zum Ausdruck.

Wenn nun darüber hinaus KAUTZSCH glaubt, die STEINBRECHERschen Karten eher in seinem Sinne deuten zu können, so scheint mir daraus insgesamt hervorzugehen — das unterstreicht nochmals unsere Ansicht —, daß zwar Undationen aus den paläogeographischen Karten ablesbar, die Befunde aber mehrdeutig sind. Der Wert dieses Meinungsstreits wird daher vom Standpunkt des Betriebs- und Erkundungsgeologen aus sehr stark eingeschränkt.

Es ist nicht so, und das sei gestattet zu bemerken — zumindest ist es sprachlich nicht korrekt —, wie KAUTZSCH (1960) zum Ausdruck bringt: „Da diese Arbeitshypothese auf den Erfolgen vieler Generationen Mansfelder Bergleute aufgebaut ist und auf Beobachtungen GILLITZERs, anderer und mir weiterbaut und da sich außerdem diese Arbeitshypothese bisher in der Praxis gut bewährt hat, halte ich an dieser Anschauung fest."

Die Dinge liegen doch so, daß sich nicht die Hypothese, also die Unterstellung der Annahme einer Muldenfazies, bestätigt und in der Praxis bewährt hat, sondern der Verallgemeinerung der Befunde, daß nämlich meistens in der Nähe der Roten Fäule gute Kupfergehalte auftreten, sind die praktischen Erfolge zuzuschreiben, unabhängig von ihrer Deutung.

In ähnlicher Weise muß man zunächst auch den Wert der von HOFFMANN (1924) geäußerten Auffassung einer sekundären Entstehung der Roten Fäule, die parallel mit der von ihm geforderten Gipsinfiltration gehen soll, beurteilen.

Eine ähnliche Beurteilung muß vorerst auch die von H. KÖLBEL (1954) angedeutete und nicht näher erläuterte Möglichkeit der Entstehung der Roten Fäule durch „sekundäre Vorgänge" erfahren, obwohl es einige Bereiche gibt, wo man an einen Zusammenhang zwischen Roter Fäule und größeren Störungszonen glauben könnte.

Nach meinem Dafürhalten sind aber die Beobachtungen, die man hinsichtlich der Roten Fäule bis jetzt gemacht hat, zu spärlich, als daß man sich bereits nur noch im Stadium der Deutung befinden würde. Wir sind mindestens noch ebensosehr im Stadium des Beobachtens und Sammelns von eindeutigen Fakten.

Es ist bekannt, leider aber nur von wenigen Autoren am Rande darauf hingewiesen worden, daß die Erscheinung der Roten Fäule nicht immer gleich ausgebildet ist. So gibt es sowohl hinsichtlich der Höhe im Profil, wo die Rotfärbung auftritt, als auch in der Umgrenzung der Rotfärbung nicht unbeträchtliche Unterschiede. Profilmäßig gesehen tritt eine Rotfärbung meistens im unteren Teil des Zechsteinkalkes, also im sog. „Dachklotz" und in der „Fäule", mitunter aber auch im Flöz selbst und auch in den höheren Partien des Zechsteinkalkes, gelegentlich sogar bis an die Basis des Unteren Werraanhydrits, manchmal aber als eine schwache Rotfärbung im Zechsteinkonglomerat bzw. Weißliegenden auf. Des weiteren wissen wir schon jetzt, daß es neben einer „punktförmigen" eine „streifen"- bzw. „bandartige" und eine „wolkenartige" Rote Fäule gibt.

Auch bezüglich der Vererzung gibt es augenscheinliche Unterschiede. Andeutend soll nur gesagt werden, daß eine gute Vererzung in den Dachbergen durchaus mit der Roten Fäule zusammenfallen kann oder die sehr gute Vererzung nicht unmittelbar am Übergang zur Roten Fäule vorhanden sein muß. Auf der anderen Seite sind mehrere Fälle bekannt, wo nach makroskopischen Beobachtungen die Erscheinung der Roten Fäule nicht vorhanden ist, aber die Metallführung des Flözes durchaus Rote-Fäule-Bereichen entspricht etc.

Es müssen deswegen, um auch die jetzt neben einer sorgfältigen Kartierung von uns vertretene Arbeitsrichtung anzudeuten, die verschiedenen Übergänge zwischen Roter Fäule und vererztem Feld geochemisch und erzmikroskopisch sowie petrographisch eingehend untersucht und die Befunde unter gleichzeitiger Dokumentation der m. E. nicht unbedeutenden Beobachtungen von W. REMUS, daß an den Rändern der Roten Fäule gehäuft Korallen im Dachklotz auftreten, rißmäßig dargestellt werden. Diese Rote-Fäule-Risse, in denen man versuchen muß, die verschiedenen Erscheinungsformen typisiert darzustellen, müssen darüber hinaus zweckmäßigerweise, um die Ansicht GUNZERTS (1953) und KÖLBELS (1954) auch im Detail überprüfen zu können, in Form von Deckpausen mit tektonischen Karten und geochemischen Diagrammen in Einklang gebracht werden.

Daraus müßte dann zunächst zu entnehmen sein, ob die Erscheinung eindeutig primärer oder evtl. auch sekundärer Natur ist oder ob gegebenenfalls beide Entstehungsmöglichkeiten nebeneinander existieren können. Liegt ein Gebundensein an die paläogeographische Konstellation vor, so ist zu vermuten, daß die Form der Rotfärbung und ihre Höhe im Profil Rückschlüsse zuläßt über die Entfernung des jeweiligen Rote-Fäule-Typs von dem vererzten Feld. Beim Bestehen einer solchen Beziehung, aber auch bei einem tektonischen Gebundensein, wären sowohl dem Erkundungsgeologen als auch dem Betriebsgeologen Unterlagen in die Hand gegeben, die seine Arbeit außerordentlich erleichtern und, volkswirtschaftlich gesehen, wesentlich rentabler gestalten können. Denn leider ist es noch nicht so, wie RICHTER (1941a) zum Ausdruck gebracht hat, daß die für den praktischen Bergbau Bedeutung besitzenden Fragen schon weitgehend bekannt sind.

Daß diese hier kurz skizzierte vor uns stehende Arbeit nicht von einem allein bewältigt werden kann, liegt auf der Hand. Wir haben deshalb auch eine sozialistische Forschungsgemeinschaft ins Leben gerufen und unterstreichen damit offensichtlich die von KAUTZSCH (1960) ausgesprochene Forderung, „daß es zunächst am zweckmäßigsten ist, weiter Material zu sammeln und dabei kollektiv vorzugehen".

Zusammenfassung

Die von B. STEINBRECHER in der jüngsten Zeit vorgelegten Verbreitungs- und Mächtigkeitskarten mehrerer permischer Horizonte werden hinsichtlich ihrer Aussagekraft kritisch eingeschätzt.

In Ergänzung werden die durch die Auswertung der bei den Erkundungsarbeiten im Raum der Sangerhäuser Mulde und des südlichen Kyffhäuservorlandes erzielten Ergebnisse kurz dargelegt. Daraus ist zu ersehen, daß sich für die Zeit des gesamten Zechsteins in dem relativ einförmigen Faziesgebiet sowohl erzgebirgisch als auch herzynisch streichende Undationen nachweisen lassen, die in der Mitte des Zechsteins 1 und 2 durch Faziesvertretungen am offensichtlichsten werden. Zu Beginn und am Ende der einzelnen Abscheidungszyklen scheint das Relief des Beckenbodens nahezu ausgeglichen gewesen zu sein.

Offensichtliche Beziehungen zwischen paläogeographischem Bild und erzfazieller Differenzierung sind gegenwärtig nicht zu erkennen.

Die bisher geäußerten Ansichten über die Entstehung der Roten Fäule werden kurz diskutiert und die sich daraus für uns ergebende Arbeitsrichtung abgeleitet.

Резюме

Предлагаемые Б. Штейнбрехером карты о распространении и мощности нескольких пермских горизонтов критически обсуждаются.

Дополнительно излагаются результаты, полученные при интерпретации данных разведочных работ в районе зангерхаузенской мульды и южного предгорья Кифгойзера. Из этих данных вытекает следующее: за время всего цехштейна можно доказать в относительно однородной фациальной области ундации, простирающиеся и в рудногорском и в герцинском направлениях. Эти ундации становятся наиболее очевидными в середине цехштейна 1 и 2 заменениями фации. Кажется, что в начале и в конце отдельных циклов осаждения рельеф дна бассейна был почти выровненный.

Явные связи между палеогеографической картиной и руднофациальной дифференциацией в настоящее время не проявляются.

Обсуждаются до сих пор предложенные взгляды на происхождение красной гнили и делаются выводы о направлении работ.

Summary

A critical estimation as to their force of evidence is given of distributional and thickness maps of several Permian horizons recently presented by B. STEINBRECHER.

Complementing these maps, results obtained by the evaluation of reconnaissance works in the area of the Sangerhausen trough and the southern foreland of the Kyffhäuser are shortly described. Hence it becomes obvious for the whole Zechstein that in the relatively uniform facies area undations are demonstrable trending in both an erzgebirgischer and Hercynian direction. They manifest themselves by facies changes particularly in the Middle Zechstein 1 and 2. At the beginning and end of the particular cycles of sedimentation the basin ground relief appears to have been almost grated.

Obvious relations between the paleogeographical picture and ore-facial differentiation are at present not recognizable.

A short discussion is presented on views expressed so far the origin of the Roten Fäule, with a deduction of the direction of works to be observed by us.

Literatur

EISENHUT, K. H. & E. KAUTZSCH: Handbuch für den Kupferschieferbergbau. – Fachbuchverlag, Leipzig 1954.

GILLITZER, G.: Die Verbreitung des Metallgehalts beim Mansfelder Kupferschiefervorkommen. – Arch. des Mansfeld-Komb. „W. PIECK", Eisleben 1930 (Unveröff.).

– Durch welche Bedingungen oder Einflüsse sind Metallanreicherungen im mitteldeutschen Kupferschiefer gebildet worden? – Metall und Erz, 32, S. 533–542, Halle 1935.

– Die Geologie der Erzanreicherungen im mitteldeutschen Kupferschiefer. – Jb. Hall. Verb., 15, S. 9–28, Halle 1936.

GUNZERT, G.: Über die Bedeutung nachträglicher Erzverschiebungen in der Kupferschieferlagerstätte des Richelsdorfer Gebirges. – Notizbl. hess. L.-Amt Bodenforsch., 81, S. 258–283, Wiesbaden 1953.

HOFFMANN, W.: Erzführung und Erzverteilung des Mansfelder Kupferschiefers und die hieraus sich ergebenden mineralbildenden und -umbildenden Vorgänge im Kupferschiefer. – Wilhelm-Knapp-Verlag, Halle 1924.

HOYNINGEN-HUENE, E. v.: Die Texturen der subsalinaren Anhydrite im Harzvorland und ihre stratigraphische und fazielle Bedeutung. – Geologie, 6, Beih. Nr. 18, Berlin 1957.

– Das Rotliegende im östlichen Harzvorland. – Ber. geol. Ges. DDR, 3, S. 263–281. Berlin 1958.

JUNG, W.: Zur Feinstratigraphie der Werraanhydrite (Zechstein 1) im Bereich der Sangerhäuser und Mansfelder Mulde. – Geologie, 7, Beih. Nr. 24, Berlin 1958 [1958a].

– Zur stratigraphischen Stellung des Sangerhäuser Anhydrits (Zechstein 2). – Z. angew. Geol., 4, S. 377–378, Berlin 1958 [1958b].

– Gliederung des Unteren Buntsandsteins im südöstlichen Harzvorland. – Geologie, 7, S. 1018–1031, Berlin 1958 [1958c].

– Das Steinsalzäquivalent des Zechsteins 1 in der Mansfelder und Sangerhäuser Mulde und daraus resultierende Bemerkungen zum Problem der „Jahresringe". – Ber. geol. Ges. DDR, 4, S. 313–325, Berlin 1960 [1960a].

– Zur Feinstratigraphie des Basalanhydrits (Z 2) und Hauptanhydrits (Z 3) im SE-Harzvorland. – Geologie, 9, S. 526–555, Berlin 1960 [1960b].

JUNG, W. & F. GEORGI: Der Kyffhäuser und sein südöstliches Vorland. Exkursionsführer Thür. Becken, S. 45–56, Berlin 1959.

JUNG, W. & G. KNITZSCHKE: Kombiniert feinstratigraphisch-geochemische Untersuchungen der Anhydrite des Zechsteins 1 im SE-Harzvorland. – Geologie, 9, S. 58–72, Berlin 1960 [1960a].

– Kombiniert feinstratigraphisch-geochemische Untersuchungen des Basalanhydrits (Z 2) und des Hauptanhydrits (Z 3) im SE-Harzvorland. – Noch unveröffentl. [1960b].

KAUTZSCH, E.: Untersuchungsergebnisse über die Metallverteilung im Kupferschiefer. – Arch. f. Lagerstättenforsch., 74, Berlin 1942.

– Die Zukunft des Mansfelder Kupferschieferbergbaues unter besonderer Berücksichtigung der Sangerhäuser Lagerstätte. Bergbau und Energiewirtschaft, 3, S. 180–183, Berlin 1950.

– Die sedimentären Erzlagerstätten des Unteren Zechsteins. – Freib. Forsch.-H., C 44, S. 14–21, Berlin 1958.

– Über die Sedimentation im Saaletrog im Bereich des östlichen Harzvorlandes während des Zechsteins 1 und 2. – Z. angew. Geol., 6, S. 36 bis 37, Berlin 1960.

KÖLBEL, H.: Große Seitenverschiebungen und Horizontalflexuren im deutschen Grundgebirge und ihre lagerstättenkundliche Bedeutung. – Geologie, 3, S. 445–450, Berlin 1954.

KURZE, M.: Petrographisch-geologische Bearbeitung der oberkarbonen und rotliegenden Sedimente der Sangerhäuser Mulde. – Unveröffentl. Diplomarbeit, Freiberg 1959.

LUDWIG, G.: Die Gliederung des Liegenden des Kupferschiefers in der Mansfelder Mulde. – Jb. Hall. Verb., 6, S. 87–105, Halle 1927.

MEINECKE, F.: Das Liegende des Kupferschiefers. – Jb. Preuß. Geol. L. A., 31, T. II, S. 253–296, Berlin 1913.

MERTKE, M.: Das Liegende des Kupferschiefers im Sangerhäuser Nordfeld. – Unveröffentl. Diplomarbeit, Halle 1959.

RICHTER, G.: Geologische Gesetzmäßigkeiten in der Metallführung des Kupferschiefers. – Arch. f. Lagerstättenforsch., H. 73, Berlin 1941.

– Sangerhäuser Anhydrit, eine Sondererscheinung im Zechsteinprofil des Südostharzes. – Ber. Reichsamt Bodenforsch., H. 4/6, S. 77–85, Wien 1942.

– Paläogeographische Grundlagen für die Erschließung des deutschen Kupferschiefers. – Die Technik, 2, Nr. 8, S. 366–368, Berlin 1947.

RICHTER-BERNBURG, G.: Paläogeographisch bedingte Eigentümlichkeiten im Metallgehalt des Kupferschiefers zwischen Kyffhäuser und Harz. – Z. prakt. Geol., 48, S. 113–124, Halle 1941.

– Zwei Beiträge zu Fazies, Tektonik und Kupferführung des Zechsteins: I. Waldeck, II. Nordsudeten. – Geol. Jb. 1949, 65, S. 145–212, Hannover 1951.

SCHIEMENZ, S.: Schotteranalyse des Porphyrkonglomerates im obersten Rotliegenden des östlichen Harzvorlandes. – Hall. Jb. f. Mitteld. Erdgesch., 2, Lief. 1, S. 3–27, Halle 1953.

SCHRÖDER, E.: Sedimentation und Tektonik im Jungpaläozoikum am östlichen Harzrand und in den Nachbargebieten. – Jb. Preuß. Geol. L. A., 55, S. 168–197, Berlin 1934.

SCHULZE, G.: Beitrag zur Stratigraphie und Genese der Steinsalzserien I–IV des mitteldeutschen Zechsteins unter besonderer Berücksichtigung der Bromverteilung. – Freib. Forsch.-H., A 123, S. 175–196, Berlin 1959.

STEINBRECHER, B.: Saalische Bewegung im Ost- und Nordostharzvorland und ihre Bedeutung für den oberrotliegenden Sedimentationszyklus. – Z. angew. Geol., 5, S. 56–62, Berlin 1959 [1959a].

– Die petro- und erzfazielle Differenzierung der Kupferschieferzone in der Edderitzer Mulde. – Z. angew. Geol., 5, S. 201–204, Berlin 1959 [1959b].

– Die Sedimentation im Saaletrog im Bereich des östlichen Harzvorlandes während des Zechsteins 1 und 2. – Z. angew. Geol., 5, S. 381–385, Berlin 1959 [1959c].

Die Verwendung elektrischer Bohrlochmessungen für die Berechnung von Kohlenvorräten[1]

K. W. MIRONOW, Moskau

Die geologische Erkundung der Kohlenlagerstätten erfolgt hauptsächlich mittels Kernbohrungen. Die Mächtigkeit sowie die Gliederung und qualitative Beschaffenheit der Kohlenflöze erhält man durch die Untersuchung des erbohrten Kernmaterials. Die Auswertung des geologischen Materials der Bohrungen und ein Vergleich mit den Werten beim späteren Abbau zeigt oft große Abweichungen gegenüber den bei der Erkundung ermittelten Angaben. Diese Fehlwerte sind gewöhnlich eine Folge des ungenügenden Kerngewinns bei den Bohrungen und einer nicht immer sorgfältigen geologischen Auswertung.

Das Problem fehlerhafter Vorratsberechnungen aus den jeweiligen Bohrergebnissen ist schon mehrfach in der Literatur behandelt worden. So werden in einem Artikel von W. S. OGARKOW (1955) eingehend die Fehler bei der Bestimmung der Mächtigkeiten, der Struktur der Kohlenflöze und des Aschegehaltes der Kohle untersucht. Diese Fehler entstehen durch die Unvollkommenheit der Bohrtechnik bei der unterschiedlichen mechanischen Festigkeit der einzelnen Kohlenarten und Nebengesteine, ferner durch das Auftreten von Zwischenmitteln im Flöz und auch infolge einer Reihe von organisatorischen Gründen. Auf Grund einer statistischen Gegenüberstellung der Werte aus den Bohrungen mit denen aus den bergmännischen Auffahrungen, die für zahlreiche Kohlenlagerstätten durchgeführt wurde, sieht es W. S. OGARKOW für erwiesen an, daß in der Mehrzahl der Fälle systematisch geringere Flözmächtigkeiten und ein höherer Aschegehalt der Kohle aus den Bohrergebnissen berechnet werden. Die gegenüber den tatsächlichen Mächtigkeiten aus Bohrungen ermittelte geringere mittlere Mächtigkeit der Kohlenflöze schwankt bei den untersuchten Lagerstätten zwischen 6 und 36%. Das hat besondere Bedeutung bei der Bewertung von geringmächtigen Flözen, die dadurch manchmal vollständig aus der Berechnung von Bilanzvorräten herausfallen. W. S. OGARKOW schlägt vor, die Untersuchungsarbeiten auf den für den Abbau vorgesehenen Lagerstätten mit dem Ziel fortzusetzen, einen Korrekturkoeffizienten zu erarbeiten, um damit die Vorratsbilanz richtiger zu gestalten.

I. P. SCHARAPOW (1956), der die Werte von W. S. OGARKOW analysierte und die Korrelationsmethode an-

[1]) Aus: „Raswedka i Ochrana Nedr", H. 4, 1959. Übers.: Dr. BINTIG. Überarbeitet: TANGELST, VEB Geophysik

wendete, stellte fest, daß Größe und Vorzeichen des Fehlers bei der Mächtigkeitsbestimmung der Flöze mittels Bohrergebnissen von der Mächtigkeit der untersuchten Flöze abhängen und in jedem Einzelfall äußerst unterschiedlich sein können. Dadurch wird die Ermittlung von Korrekturkoeffizienten äußerst erschwert.

Gegen die von G. M. KOSTAMANOW (1956) vorgeschlagene Korrektur der durch Bohrungen bestimmten Mächtigkeit geringmächtiger Flöze unter Berücksichtigung des Einfallens und des Durchmessers der Bohrung wandte sich J. W. BUZIK (1957). Er schlug die Einführung eines Zusatzkoeffizienten zur Formel von G. M. KOSTAMANOW (1956) vor.

Aus dem Dargelegten wird klar, daß die Verbesserung der fehlerhaften Mächtigkeitsangaben aus Bohrergebnissen mittels Korrekturkoeffizienten einerseits methodisch ungenügend ausgearbeitet ist, andererseits einen außerordentlich großen Arbeitsaufwand erfordert und kaum bei jedem erbohrten Kohlenflöz anwendbar ist. Ferner muß auch die mangelhafte Bearbeitung der Ergebnisse durch die geologischen Abteilungen auf den Schächten in Betracht gezogen werden (dieses Material wird als das Hauptkriterium zur Fehlerbestimmung für die Werte aus den Bohrungen empfohlen). Weiterhin ist bei Lagerstätten, die wirtschaftlich noch nicht genutzt wurden, die Methode der Gegenüberstellung der Werte aus Bohrungen und aus bergmännischen Auffahrungen nicht anwendbar.

Die Notwendigkeit einer genaueren Bestimmung der Mächtigkeit und der Struktur der Kohlenflöze für die Vorratsberechnung und den späteren Abbau der Lagerstätten führte dazu, daß die geophysikalische Untersuchung der auf Kohle niedergebrachten Erkundungsbohrungen in immer größerem Umfang vorgenommen wird. Die geophysikalische Vermessung der Bohrungen — verbunden, wenn notwendig, mit Kernschießproben aus der Kohle und dem Hangenden und Liegenden des Kohlenflözes — gestattet unter bestimmten Voraussetzungen eine eindeutige Feststellung von Kohlenflözen und eine genauere Bestimmung ihrer Teufenlage, ihrer Mächtigkeit und ihrer Struktur als die alleinige Untersuchung der erbohrten Kerne. Bei der Bestätigung von Kohlenvorräten durch die GKS (Staatliche Vorratskommission der UdSSR) werden in vielen Fällen die Ergebnisse der geophysikalischen Bohrlochvermessung als die glaubwürdigeren angesehen.

Die bisher veröffentlichten Ergebnisse geophysikalischer Bohrlochuntersuchungen im Petschora-, Donez- und Moskauer Becken und die Erfahrung bei der Überprüfung der Kohlenvorratsberechnungen in der GKS zeigen, daß bei richtiger Wahl der Meßmethodik und einer qualifizierten Interpretation der Meßwerte die erreichte Genauigkeit in der Bestimmung der Teufe, der Mächtigkeit und der Struktur der Kohlenflöze genügt. Die geophysikalische Vermessung von Bohrungen wird bei Erkundungen im Donez-, Petschora-, Kusnezk- und Karagandabecken und in vielen anderen Kohlenbecken und Lagerstätten der Sowjetunion in großem Umfang durchgeführt.

In der geringen Verwendung geophysikalischer Bohrlochmessungen, als gleichberechtigte Methode der geologischen Dokumentation, indem diese Ergebnisse lediglich als Kontrolle der Bohrergebnisse verwendet werden, kommt ohne Zweifel die konservative Haltung einzelner Geologen und ihre ungenügende Qualifikation in geophysikalischen Fragen zum Ausdruck. Die Hauptursache für die geringe Anwendung geophysikalischer Bohrlochmessungen ist jedoch das Fehlen von einheitlichen technischen Forderungen an Methodik und Technik solcher Untersuchungen sowie das Fehlen einer Grundlage zur Einschätzung der Qualität der durchgeführten Messungen.

Dieser Mangel führt in vielen Fällen dazu, daß weder die zweckmäßigsten Meßverfahren, die den geologischen Bedingungen des jeweiligen Untersuchungsgebietes entsprechen, und der günstigste Kurvenmaßstab gewählt werden, noch in Zweifelsfällen von der Möglichkeit des Kernschießens Gebrauch gemacht wird.

Diese Mängel und oft auch eine schlechte Interpretation der Diagramme vermindern die Glaubwürdigkeit der Meßergebnisse, so daß sie bei Vorratsberechnungen nicht zu verwenden sind.

Weiterhin muß erwähnt werden, daß für einzelne Lagerstätten der Einsatz geophysikalischer Bohrlochmeßverfahren noch nicht aus dem Versuchsstadium heraus ist und daß die Anwendung von Bohrlochmessungen als Methode der geologischen Dokumentation in diesen Gebieten noch umfangreiche Untersuchungsarbeiten notwendig macht.

Um die Qualität der geologischen Dokumentation der Untersuchungsbohrungen einschließlich geeigneter geophysikalischer Meßmethoden zum Zwecke verläßlicher Vorratsberechnungen zu erhöhen, wurde im September 1958 in der Sektion Kohlen und Brennschiefer des geologischen Sachverständigenrates der GKS ein Vortrag von M. A. SPERANSKIJ: „Die Möglichkeiten und Bedingungen der Verwendung von Werten geophysikalischer Bohrlochmessungen bei der Berechnung erkundeter Kohlenvorräte" gehalten.

Dieser Vortrag bildet die Grundlage der von der GKS ausgearbeiteten und dann bestätigten „Bedingungen für die Verwendung von Werten der geophysikalischen Bohrlochmessung bei der Berechnung von Kohlenvorräten".

Die verbindliche Anwendung dieser Bedingungen in der Kohlenerkundung, die bestimmte Forderungen an die Methodik der geophysikalischen Untersuchungen und an ihre Qualität enthalten, wird zweifellos zu einer breiten Anwendung dieser fortschrittlichen Methode beitragen und in einer Verbesserung der Qualität der geologischen Dokumentation zum Ausdruck kommen. Die Anwendung der bestätigten „Bedingungen" soll eine qualitative Verbesserung der geophysikalischen Meßkurven, eine weitere Vervollkommnung der Methodik, eine Verbesserung der Qualität der geologischen Dokumentation und eine Intensivierung der Arbeiten zum Zwecke einer wissenschaftlichen Ausarbeitung der theoretischen Grundlagen geophysikalischer Bohrlochmessungen, entsprechend der jeweiligen geologischen Situation der einzelnen Untersuchungsgebiete, erreichen. Zieht man in Betracht, daß für die Mehrzahl der Becken und Lagerstätten eine vollwertige Verallgemeinerung der Untersuchungen mittels geophysikalischer Meßverfahren und eine ausreichende wissenschaftlich-theoretische Begründung der Methodik für die Durchführung der Arbeiten fehlt, so muß die Anwendung der „Bedingungen" mit einer entsprechenden Verallgemeinerung, Analyse und Begründung des relativen Genauigkeitsgrades der verschiedenen Methoden der geologischen Dokumentation bei der Vorratsberechnung für jedes Erkundungsobjekt verbunden sein.

Es muß jedoch betont werden, daß eine Reihe von Fragen, die für eine vollwertige Kennzeichnung der bergbaulich-geologischen Besonderheiten der Lagerstätte nötig sind — z. B. tektonischer Bau der Lagerstätten, lithologische und ingenieurgeologische Eigenschaften des Gebirges, petrographische Zusammensetzung der Kohlen und Vorhandensein von geringmächtigen Zwischenmitteln bzw. aschereicher Kohlen —, gegenwärtig nicht immer eindeutig durch geophysikalische Bohrlochmessungen gelöst werden können. Deshalb besitzt die Untersuchung der Bohrkerne, sowohl der Kohle als auch des Nebengesteins, eine erstrangige Bedeutung, und das Streben nach weiterer qualitativer Verbesserung der Bohrtechnik — im Hinblick auf einen höheren Kerngewinn — bleibt weiterhin eine der wichtigsten Aufgaben der Geologen und Prospektoren.

In der Regel soll die geologische Dokumentation des Bohrprofils, d. h. die Ergebnisse der Untersuchung des Kernmaterials sowie die geophysikalischen Meßkurven, in einem Dokument vereinigt werden, in dem die Werte für die Mächtigkeit, die Struktur der Kohlenflöze und die Kohlenqualität für jedes erbohrte Kohlenflöz eingetragen sind. Eine Gegenüberstellung der Ergebnisse der Bohrungen und der Bohrlochmessungen darf nicht zu einem Weglassen der weniger vollgültigen Werte bei der endgültigen Festlegung der für die Vorratsberechnung zu verwendenden Kenngrößen führen. Nur eine sinnvolle Verbindung der Werte aus den Bohrergebnissen und aus den geophysikalischen Kurven kann zu einer Qualitätsverbesserung in der geologischen Dokumentation von Erkundungsbohrungen führen.

Bedingungen für die Verwendung von Werten geophysikalischer Bohrlochmessungen bei der Berechnung von erkundeten Kohlenvorräten

I. Allgemeine Bestimmungen

§1. Die vorliegenden Bedingungen wurden zum Zweck der Festlegung einer einheitlichen Ordnung bei der Verwendung von Ergebnissen der geophysikalischen Bohrlochmessungen bei der Berechnung von erkundeten Kohlenvorräten ausgearbeitet.

§2. Die mittels geophysikalischer Verfahren einschließlich des Kernschießens konstruierten Profile von Kohlenlagerstätten sind unter bestimmten Voraussetzungen mit der für Vorratsberechnungen notwendigen Genauigkeit zum Nachweis von Kohlenflözen, zur Festlegung der Teufe, Mächtigkeit und Struktur der Flöze sowie zur Bestimmung von Kennwerten der Kohlenqualität zu verwenden.

§3. Die Güte der geophysikalisch ermittelten Werte bei der Berechnung von Kohlenvorräten wird durch die Tektonik der Lagerstätte, die physikalischen Eigenschaften der Kohlen und ihrer Nebengesteine, die Genauigkeit der angegebenen Kennwerte für die Mächtigkeit, die Struktur des Kohlenflözes und die Kohlenqualität und ferner durch die Aussagekraft, sowohl der geophysikalischen Meßarten als auch der Bohrergebnisse, für das gegebene Untersuchungsgebiet bestimmt.

§4. Als Grundlage für die Bestimmung der Zuverlässigkeit der Bohrergebnisse und der geophysikalischen Werte dient ein Vergleich der Werte der geologischen Dokumentation der Bohrungen nach verschiedenen Methoden mit den Werten von bergmännischen Auffahrungen, von Wiederholungsbohrungen usw. Diese Gegenüberstellung sowie eine Analyse der Ursachen aufgetretener Differenzen zwischen den Resultaten und Schlußfolgerungen betreffs Genauigkeitsgrad der Werte muß in der Regel gemeinsam durch Geologen und Geophysiker, die die Arbeiten auf der Lagerstätte durchführten, erfolgen.

§5. Für Gebiete und Lagerstätten, in denen die geophysikalisch ermittelten quantitativen und qualitativen Kennwerte nachweisbar die gleiche oder eine höhere Genauigkeit besitzen als die aus den Bohrergebnissen erhaltenen Werte, kann die geophysikalische Bohrlochmessung als Hauptmethode zur Bestimmung dieser Kennwerte angewendet werden.

Für einzelne Gebiete und Lagerstätten bleibt die Kernuntersuchung weiterhin die Hauptmethode zur Ermittlung der für die Vorratsberechnung notwendigen Daten. Die Ergebnisse der geophysikalischen Bohrlochvermessung können hier als zusätzliches Material verwendet werden, um genauere Ergebnisse zu erhalten.

§6. In allen Fällen ist unbedingt ein maximaler Kerngewinn in den Kohlenflözen und im Nebengestein anzustreben. Diese Forderung wird deshalb erhoben, um leichter eine vollwertige Interpretation der Ergebnisse der geophysikalischen Bohrlochmessung zu erhalten und um die Tektonik der Lagerstätte, die bergtechnischen Bedingungen und die Kohlenqualität vollständiger zu charakterisieren.

II. Obligatorische Bedingungen für die Annahme von Werten bei der Bestimmung der Flözmächtigkeiten, der Flözstruktur und der Teufenlage mittels geophysikalischer Bohrlochmessungen

§7. Kohlenflöze zeichnen sich durch bestimmte charakteristische Indikationen in den gemessenen Bohrlochkurven aus. Unter den Kurven, die zur Bestimmung der Mächtigkeit und der Struktur des einzelnen Kohlenflözes verwendet werden, muß zumindest eine eindeutig von eventuellen Nachbarflözen unbeeinflußt sein.

§8. Bei Kohlenflözen von geringerer (bis 1,3 m) bzw. mittlerer Mächtigkeit (bis 3,5 m) müssen die zur Mächtigkeits- und Strukturbestimmung herangezogenen Meßkurven im Maßstab 1:50 registriert werden. Bei Flözen von größerer Mächtigkeit kann die Bestimmung der Mächtigkeit und der Struktur der Flöze mittels Kurven erfolgen, die im Maßstab 1:200 aufgenommen wurden.

§9. Die geophysikalisch ermittelten Werte für die Mächtigkeit, die Struktur und die Teufenlage der Kohlenflöze können unter Beachtung der Forderungen gemäß § 7 und 8 ohne Bestätigung durch Kernschießen unter folgenden Bedingungen als gültig angesehen werden:

a) Die Kohlenqualität der zu erkundenden Flöze entspricht den Konditionen;

b) die Mächtigkeit und die Struktur der Kohlenflöze ist eindeutig und übereinstimmend aus mindestens 2 Kurven ermittelt;

c) im Bohrprofil sind in der Regel keine Gesteinsarten vorhanden (darunter Kohlenschichten mit einem Aschegehalt, der über dem festgelegten Grenzwert liegt), die sich in den aufgenommenen Hauptkurven durch Indikationen auszeichnen, die für Kohlenflöze charakteristisch sind; bei Anwesenheit solcher Gesteine im Profil muß erwiesen sein, daß sie nicht innerhalb des zu bestimmenden Kohlenflözes oder unmittelbar im Liegenden oder Hangenden des Flözes liegen; ferner muß sich die Lage des Flözes im Profil in Abhängigkeit zu benachbarten Bohrungen gut korrelieren lassen;

d) das Vorhandensein eines mittels geophysikalischer Kurven festgestellten Kohlenflözes ist durch einen erbohrten Kohlenkern belegt; in den Fällen, in denen entsprechend des Kerngewinns in diesen Abschnitten andere Gesteinsarten vorliegen, muß erwiesen sein, daß die vorhandene Nichtübereinstimmung lediglich durch eine fehlerhafte Teufenbestimmung der Bohrung entstanden ist; beim Fehlen eines Kohlenkernes für das Intervall, in dem die geophysikalischen Indikationen auf ein Flöz hindeuten, müssen sich Teufenlage des Flözes, die Mächtigkeitswerte und die Struktur gut mit den Profilen benachbarter Bohrungen korrelieren lassen, in denen das Vorhandensein von Kohle entweder durch Kerngewinn oder durch Kernschießen bereits eindeutig nachgewiesen wurde.

§10. Die geophysikalischen Werte für Teufenlage, Mächtigkeit und Struktur der Kohlenflöze müssen durch Kernschießen in folgenden Fällen bestätigt werden:

a) beim Fehlen eines Kernes in dem Intervall, in welchem nach den geophysikalischen Werten ein Kohlenflöz vorhanden ist und ein erbohrter bzw. erschossener Kern für dieses Flöz aus benachbarten Bohrungen vorliegt;

b) falls aus dem Intervall, in dem nach den geophysikalischen Werten ein Kohlenflöz vorhanden ist, ein Kern vorliegt, der aus einer anderen Gesteinsart besteht, und es nicht eindeutig zu beweisen ist, daß die vorhandene Nichtübereinstimmung durch einen Fehler bei der Teufenbestimmung der Bohrung bedingt ist;

c) beim Auftreten anderer Gesteinsarten im Bohrprofil, die im geophysikalischen Diagramm die gleichen charakteristischen Indikationen wie Kohle hervorrufen und somit keine sichere Parallelisierung der Kohlenflöze an Hand der benachbarten Bohrungen möglich ist;

d) bei einer ungenauen Bestimmung der Mächtigkeit und der Struktur des Kohlenflözes oder bei Differenzen zwischen Meßkurven, die für die Bestimmung der Mächtigkeit und der Struktur des Flözes verwendet werden.

§11. Für mehr oder weniger horizontbeständige Flöze müssen in den Fällen, die §10, Punkt a, b und c entsprechen, bei Flözen mit einfacher Struktur mindestens zwei bis drei Proben und bei Flözen mit einer komplizierten Struktur mindestens eine Probe je 0,2 m Mächtigkeit durch Kernschießen gewonnen werden.

Bei nichthorizontbeständigen Flözen muß die gesamte ermittelte Mächtigkeit mittels Kernschießen untersucht werden. Dabei müssen die Proben bei geringmächtigen Flözen (bis 1,3 m) im Abstand von mindestens 0,1 m und bei Flözen von größerer Mächtigkeit im Abstand von 0,2—0,4 m entnommen werden.

§12. Beim Auftreten von Gesteinen (darunter auch Kohlenzwischenmittel, deren Aschegehalt über dem festgelegten Grenzwert liegt) im Kohlenflöz oder unmittelbar im Hangenden oder Liegenden, die in den registrierten Kurven die gleichen Indikationen wie Kohlenflöze hervorrufen, muß eine Probenahme mittels Kernschießen für die gesamte Flözmächtigkeit erfolgen.

Die Hangend- und Liegendgrenzen der Kohlenflöze müssen durch das ,,Gabel"-Verfahren bestätigt werden. Der Kontakt der Kohle mit dem Gestein muß zwischen zwei Kernschießpunkten mit Kohle- und Gesteinsproben liegen, die höchstens 10 cm voneinander entfernt sind.

Die Entnahme von Proben aus dem Hangenden und Liegenden des Kohlenflözes nach dem ,,Gabel"-Verfahren muß in allen Fällen erfolgen, die § 10, Punkt d entsprechen.

§13. Bei Mächtigkeiten des Kohlenflözes nahe abbauwürdiger Mächtigkeit (bei Überschreitung des Konditionswertes um nicht mehr als 10 cm) muß die Abbaumächtigkeit des Flözes durch Kernschießproben bestätigt sein.

§14. Aus Gesteinen mit hoher Festigkeit im Hangenden oder Liegenden des Kohlenflözes müssen nicht unbedingt Kernschießproben entnommen werden; hier wird die Hangend- oder Liegendgrenze durch die erbohrten Kerne bestätigt.

III. Obligatorische Bedingungen für die Verwendung von Qualitätskennziffern für Kohle an Hand von Analysenwerten aus Kernschießproben

§15. Bei einem bewiesenen Aushalten der Flözstruktur und der Qualitätskennziffern des Flözes braucht die Entnahme von Kernschießproben nur an ein bis zwei Punkten jeder durch geophysikalische Bohrlochmessungen ermittelten Kohlenschicht erfolgen. Bei Nichtaushalten der Struktur und der Kohlenqualität erfolgt die Probenentnahme mittels Kernschießen gleichmäßig über die gesamte Mächtigkeit des Flözes im Abstand von 0,1—0,2 m.

§16. Das Gewicht der entnommenen Proben muß den Forderungen für die Durchführung von Analysen zur Bestimmung der notwendigen Qualitätskennziffern für Kohle entsprechen.

Angenommen auf der Sitzung der Sektion Kohlen und Brennschiefer des technischen Sachverständigenrates der GKS am 12. September 1958.

Bestätigt von der Staatlichen Vorratskommission für Bodenschätze beim Ministerrat der UdSSR am 15. November 1958.

Zusammenfassung

Die geologische Erkundung der Kohlenlagerstätten erfolgt hauptsächlich mittels Kernbohrungen. Da aber oft Kernverluste auftreten, sind die ermittelten Werte und somit auch die Vorratsberechnungen oft ungenau. Eine größere Genauigkeit der Werte kann erreicht werden, indem man die geologische Erkundung mit der geophysikalischen Bohrlochmessung koordiniert und in Zweifelsfällen noch das Kernschießen anwendet. In diesem Beitrag wird nun dargelegt, ob und unter welchen Voraussetzungen geophysikalisch abgeleitete Größen von Flözmächtigkeiten, qualitativer Beschaffenheit der Flöze usw. als vollgültige Werte für die Vorratsberechnung zu verwenden sind.

Резюме

Геологическая разведка угольных месторождений в основном осуществляется колонковым бурением. Но из-за частых потерь керка полученные величины и, таким образом, подсчет запасов нередко бывают неточными. Большая точность величин достигается когда геологическая разведка координируется с геофизическими методами измерения скважин. В сомнительных случаях также применяется торпедирование скважин. В этой работе излагается, при каких условиях геофизические производные величины мощностей угольных пластов, качественный состав угольных пластов и т. д. могут приниматься как полноценные величины при подсчете запасов.

Summary

Geological reconnaissance of coal deposits is mainly carried out by core-drill boring. However, owing to frequent losses of cores values obtained and, consequently, reserve calculations are often inaccurate. A better accuracy of values is obtainable by coordinating geological reconnaissance with geophysical borehole measurement, core shooting being applied as a supplementary aid in cases of doubt. The present paper decsribes conditions allowing an application of geophysically derived data of seam thicknesses, qualitative nature of seams, etc., as satisfactory values for reserve calculation.

Literatur

BUZIK, I. W.: Über den Aufsatz von G. M. KOSTAMANOW ,,Über die Differenz in der Bestimmung der Flözmächtigkeit durch Bohrungen". — Raswedka i Ochrana Nedr, Nr. 12, 1957.

KOSTAMANOW, G. M.: Über die Differenz in der Bestimmung der Flözmächtigkeit durch Bohrungen. — Raswedka i Ochrana Nedr, Nr. 6, 1956.

OGARKOW, W. S.: Über die Qualität und den Vertrauensgrad der Werte von Kernbohrungen bei der Erkundung von Kohlenlagerstätten. — Raswedka i Ochrana Nedr, Nr. 6, 1955.

SCHARAPOW, I. P.: Über Fehler in der Bestimmung der Flözmächtigkeiten durch Bohrungen. — Raswedka i Ochrana Nedr, Nr. 8, 1956.

Vergleich der Ergebnisse von Erkundungsbohrungen und bergmännischen Auffahrungen mit den Abbauwerten

WALTER REMUS, Sangerhausen

Die Vorratsberechnung mineralischer Rohstoffe auf Grund der geologischen Erkundung stimmt häufig nicht mit den Abbauergebnissen der Lagerstätten überein. Im folgenden soll nun die Aussagekraft von Bohrungen, bergmännischen Auffahrungen mit den Ergebnissen des Abbaus verglichen werden. Dieses eine Beispiel kann jedoch nicht für die geologische Erkundung verallgemeinert werden. Verf. sieht seine Aufgabe darin, eine Vielzahl solcher oder ähnlicher Beispiele zusammenzutragen, um dadurch mögliche Gesetzmäßigkeiten zu erkennen, die für jede neue Erkundung von Bedeutung sein können, und diese zu gegebener Zeit zu veröffentlichen.

Auf Anregung des Verf. wurden von H. NICKUSCH in einer Markscheidermeldearbeit (1959) sämtliche Analysenunterlagen eines abgebauten Blockes zusammengestellt und rechnerisch ausgewertet.

Im Bereich des Grubenfeldes des Thomas-Münzer-Schachtes in Sangerhausen wurde ein vierseitig umfahrener Block von 253175 m² im Laufe der vergangenen Jahre vollständig abgebaut (Abb. 1). In diesem Block wurde eine Übertagebohrung niedergebracht. Außerdem wurden in der Nähe drei weitere Übertagebohrungen geteuft. Auch die Strecken zur Umfahrung des Blocks waren gut bemustert.

Zuerst sollen die Parameter, kg/t-, kg/m²-Gehalt, Mächtigkeit und die sich daraus ergebende Metallmenge miteinander verglichen werden. Zu diesem Zweck wird nun die Entwicklung von der Erkundungsbohrung bis zum Abbau chronologisch verfolgt. Verf. hat sich dabei an die Instruktion zur Anwendung der „Klassifikation der Lagerstättenvorräte fester mineralischer Rohstoffe" auf Kupferlagerstätten der DDR vom 5. 3. 1957 gehalten.

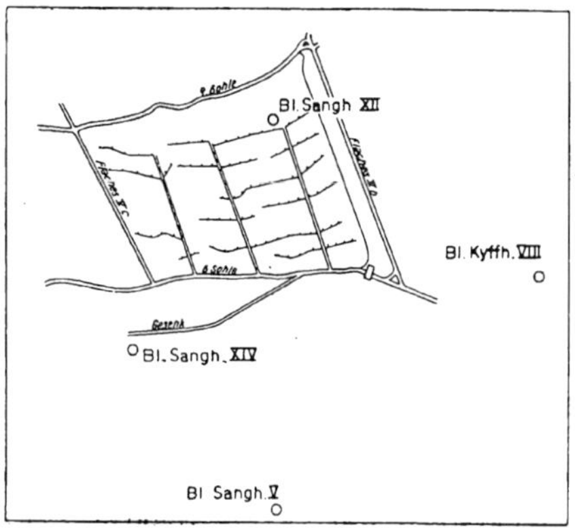

Abb. 1. Lage des abgebauten Blockes mit den umliegenden Bohrungen

Die Bohrung Sangerhausen XII wurde im Februar 1939 fündig. Obwohl auf Grund des Schichtenverzeichnisses kein Kernverlust festgestellt werden kann, wurde dennoch eine Ablenkung gebohrt. Die Bohrung Sangerhausen XII zeigte folgendes Ergebnis:

Bhrg. Sgh. XII 22,0 cm; 21,0 kg/t; 11,6 kg/m², 2924 t Cu
Bhrg. Sgh. XII Abl. 21,5 cm; 27,6 kg/t; 14,8 kg/m²; 3747 t Cu

Die Gehalte der Ablenkung stimmen fast mit dem Abbauergebnis überein. Diese zufällige Übereinstimmung

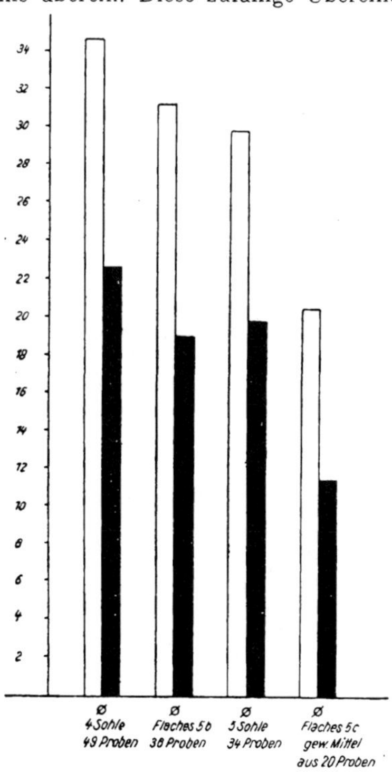

Abb. 2. Darstellung der Ergebnisse der Sohlen und Flachen (kg/t- u. kg/m²-Gehalt)
Linke Säule – kg/t-Gehalt, rechte Säule – kg/m²-Gehalt

ist schon darum interessant, weil der Abstand im Kupferschieferflöz zwischen Bohrung Sangerhausen XII und der Ablenkung nur 1,05 m beträgt. — Dieses Beispiel zeigt recht eindrucksvoll, wie heterogen die Metallführung im Kupferschieferflöz sein kann.

Das Mittel der Bhrg. Sangerhausen XII und der Ablenkung ergab:

Bhrg. Sgh. XII und Abl. 21,8 cm; 24,2 kg/t; 13,2 kg/m²; 3342 t Cu

Wenn man die Vorratsberechnung für den Kupferschieferbergbau nach der alten Methode durchführt, die die umliegenden Bohrungen für die Berechnung eines Blockes mit heranzieht, treten extrem niedrige, überhaupt die niedrigsten Ergebnisse auf:

Ø der Bhrg. Shg. XII u. Abl., Sgh. XIV, Sgh. V u. Kyffh. VIII 19,0 cm; 15,8 kg/t; 7,6 kg/m²; 1924 t Cu; Vorratskl. C_1

Damit ist erwiesen, daß die umliegenden Bohrungen nicht schematisch zur Vorratsberechnung herangezogen werden können. Um eine Unter- beziehungsweise Überbewertung der Lagerstätte zu vermeiden, muß die Auswertung der Erkundungsergebnisse äußerst sorgfältig geschehen; denn Bohrungen im Kupferschiefer sind punktförmige Aufschlüsse. In dem obengenannten Beispiel wäre es eindeutig eine Unterbewertung.

Das Flachen 5b wurde im Jahre 1951, die beiden Sohlen und das Flachen 5c Ende 1953 aufgefahren. Dabei traten im Flachen 5c verhältnismäßig sehr niedrige kg/t- und kg/m²-Gehalte auf. Das ist darauf zurückzuführen, daß nur der untere Teil bemustert werden konnte, da der obere im Hangenden aufgefahren wurde. Beim Abbau zeigte sich jedoch später, daß im oberen, nichtbemusterten Teil dieses Flachens ähnliche Verhältnisse wie in der 4. Sohle angetroffen wurden. In Abb. 2 werden die Durchschnittswerte der einzelnen Sohlen und Flachen gegenübergestellt.

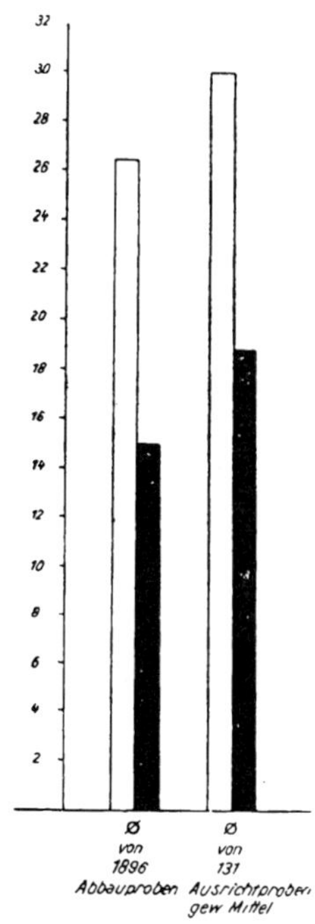

Abb. 3. Gegenüberstellung des Durchschnitts der Abbauproben mit den Ausrichtungsproben (kg/t- u. kg/m²-Gehalt)
Linke Säule – kg/t-Gehalt, rechte Säule – kg/m²-Gehalt

Nach der zeitlichen Auffahrung ergaben sich folgende Werte:

Fl. 5b 24,3 cm; 31,1 kg/t; 19,0 kg/m²; 4810 t Cu; Kl. C_2
5. S.,
Fl. 5b 25,2 cm; 30,4 kg/t; 19,2 kg/m²; 4860 t Cu; Kl. C_1
4. S., 5. S.,
Fl. 5b 25,5 cm; 32,2 kg/t; 20,5 kg/m²; 5190 t Cu; Kl. B
4. S., 5. S.,
Fl. 5b
Fl. 5c 25,3 cm; 30,9 kg/t; 19,5 kg/m²; 4937 t Cu; Kl. A_2

Diese Ergebnisse bestätigen die Auffassungen STAMMBERGERS (1957): „Doch eine einzige Strecke kann im Grund ebensowenig Vorräte schaffen wie eine einzige Bohrung."

Bei der Einbeziehung der Bohrung Sangerhausen XII mit Ablenkung in die Berechnung des Blockes nach den

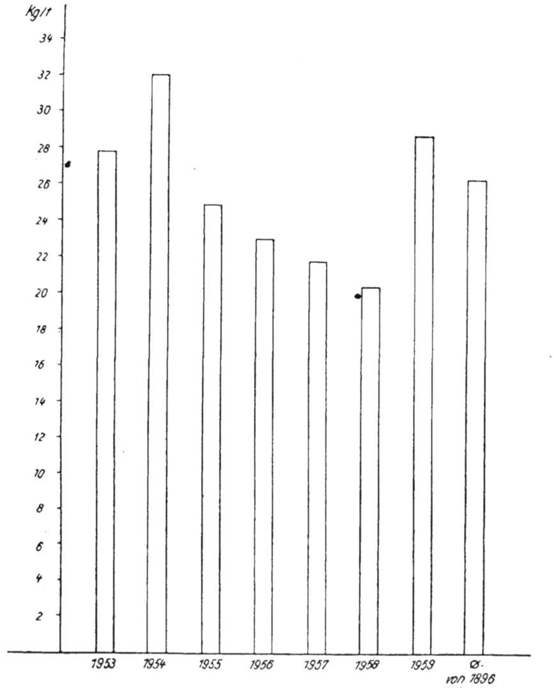

Abb. 4. Die kg/t-Gehalte der Jahre 1953—1959 im Vergleich zum Abbauergebnis

einzelnen Stadien der Auffahrung wurden nachstehende Werte festgestellt:

Fl. 5b
Sgh. XII
u. Abl. 23,0 cm; 27,9 kg/t; 16,0 kg/m²; 4051 t Cu; Kl. C_1

5. S., Fl. 5b
Sgh. XII
u. Abl. 24,1 cm; 28,4 kg/t; 17,1 kg/m²; 4329 t Cu; Kl. B

4. S., 5. S.,
Fl. 5b
Sgh. XII
u. Abl. 24,5 cm; 30,1 kg/t; 18,4 kg/m²; 4658 t Cu; Kl. B

4. S., 5. S.,
Fl. 5b, Fl. 5c
Sgh. XII
u. Abl. 24,4 cm; 27,4 kg/t; 16,7 kg/m²; 4228 t Cu; Kl. A_2

Aus dieser Gegenüberstellung ergibt sich, daß der Jahresplan nur in Vorräten der Klasse A_2 aufgestellt werden kann. Der Geologe wird zweifellos überfordert, wenn er z. B. auch aus B- oder C_1-Vorräten richtige Angaben für den Jahresplan machen soll.

Im Jahre 1953 wurde in diesem Block mit dem Abbau begonnen. Den Block durchzieht eine Störungszone mit maximal 4 m Sprunghöhe in E—W-Richtung, ca. 100 m oberhalb der 5. Sohle. Diese Störungszone hat aber keinen merkbaren Einfluß auf die Metallführung des Kupferschieferflözes.

Beim Abbau wurde dieser Block durch 1896 Streblagenproben gemustert. Das entspricht einer Probe auf ca. 133 m².

In den einzelnen Jahren wurden folgende Proben genommen:

1953	101	Proben
1954	354	,,
1955	515	,,
1956	463	,,
1957	322	,,
1958	139	,,
1959	2	,,
insges.	1896	Proben

Der Durchschnitt der kg/t- und kg/m²-Gehalte dieser Abbauproben wird in Abb. 3 mit den Gehalten der Ausrichtungsproben verglichen. Dabei zeigt sich, daß die Abbauproben etwas geringere Gehalte als der Schnitt der Ausrichtungsproben ergeben. Das wird besonders für die Ergebnisse des Jahres 1953 und die des Jahres 1956 deutlich. Im Jahre 1953 wurde der Abbau im Bereich der 5. Sohle und des Flachens 5b begonnen. 1953 ergaben sich kg/t-Gehalte von 27,8 und kg/m²-Gehalte von 19,8. 1956 konnte dagegen nur ein durchschnittlicher Gehalt von 24,8 kg/t und 14,4 kg/m² verzeichnet werden. Das ist darauf zurückzuführen, daß der Abbau überwiegend im Bereich des Flachens 5c durchgeführt wurde (siehe auch Abb. 2). Selbst bei der vierseitigen Umfahrung im Kupferschieferbergbau können also keine Vorräte der Klasse A_1 ausgeschieden werden, was durch die Größe der Blöcke (400—600 m Kantenlänge) und die stark wechselnde Metallführung bedingt ist.

Die nun folgende Gegenüberstellung — verglichen wird der Kupferinhalt in t — gibt recht interessante Hinweise über die Genauigkeit der geologischen Erkundung (Abbauergebnis = 100%):

Ø Abbauergebn.
22,5 cm; 26,5 kg/t; 14,9 kg/m²; 3772 t Cu; Kl. A_2 100%

Bhrg. Sgh. XII u. Abl.
21,8 cm; 24,2 kg/t; 13,2 kg/m²; 3342 t Cu; — 88,6%

Ø aller Bhrgn.
19,0 cm; 15,8 kg/t; 7,6 kg/m²; 1924 t Cu; Kl. C_1 51,0%

Fl. 5b u. Sgh. XII u. Abl.
23,0 cm; 27,9 kg/t; 16,0 kg/m²; 4051 t Cu; Kl. C_1 107,4%

5. S., Fl. 5b, Sgh. XII u. Abl.
24,1 cm; 28,4 kg/t; 17,1 kg/m²; 4329 t Cu; Kl. B 114,8%

4. S., 5. S., Fl. 5b Sgh. XII u. Abl.
24,5 cm; 30,1 kg/t; 18,4 kg/m²; 4658 t Cu; Kl. B 123,5%

4. S., 5. S., Fl. 5b, 5c.
Sgh. XII u. Abl.
24,4 cm; 27,4 kg/t; 16,7 kg/m²; 4228 t Cu; Kl. A_2 112,1%

Abschließend soll die Einschätzung der kg/t- und kg/m²-Gehalte dieses Blockes bei den Vorratsberechnungen der Jahre 1953 bis 1959, die zum Teil noch nicht nach den Anweisungen der ZVK ausgearbeitet wurden, behandelt werden. In Abb. 4 wurden die kg/t-Gehalte dieses Blockes während des Abbaus 1953 bis 1959 dargestellt. Das Abbauergebnis des Jahres 1955 stimmt mit den Durchschnittsergebnissen des Blockes fast überein. Das ergibt sich daraus, daß in diesem Jahr zur Vorratsberechnung Abbauproben sowohl aus dem guten, wie auch aus dem weniger guten Teil des Blockes zur Berechnung mit herangezogen wurden. Das gleiche Bild ergibt der Vergleich der kg/m²-Gehalte. In den Jahren 1953, 1954 und 1959 lagen die Gehalte also über den Durchschnittsergebnissen des gesamten Abbaublocks, während die Vorratsberechnungen für 1955, 1956, 1957 und 1958 zum Teil niedrigere Werte abgaben.

Zusammenfassung

Im vorliegenden Beitrag werden die Abbauergebnisse einer Lagerstätte mit den geologischen Bohrungen und den bergmännischen Auffahrungen, die für die Vorratsberechnung durchgeführt wurden, verglichen. Als Beispiel dient ein vierseitig umfahrener Block des Thomas-Münzer-Schachts in Sangerhausen, der im vergangenen Jahr abgebaut wurde.

Резюме

В статье сопоставляются результаты эксплуатации месторождения с геологическими скважинами и горными проходками, проведенными для подсчета запасов. Примером служил с четырех сторон вскрытый бок шахты им. Томаса Мюнцера в г. Зангерхаузен, добытый в последнем году.

Summary

Results obtained by mining a deposit are compared with the geological drillings and drives in the mine, carried out for the purpose of reserve calculation. The example of the Thomas-Münzer-pit at Sangerhausen is given in the paper, which was by-passed from four sides and was mined in the last year.

Literatur

NICKUSCH, H.: Beurteilen Sie die Genauigkeit einer Erzvorratsberechnung am Beispiel eines bereits abgebauten Feldesteiles im Nordfeld der Sangerhäuser Mulde! — Unveröffent. Markscheidermeldearbeit der Bergbau-Ing.-Schule Eisleben 1959.

STAMMBERGER, F.: Die Aussagekraft der Ergebnisse von Bohrungen und bergmännischen Auffahrungen bei geologischen Erkundungen. — Z. angew. Geol., 3, S. 254—256, Berlin 1957.

Die natürliche Verbreitung des Ostseebernsteins und das Bernsteinvorkommen von Stubbenfelde (Usedom)

WERNER SCHULZ, Schwerin

Für die Rohstoffversorgung des VEB Fischlandschmuck Ribnitz-Damgarten führte der Geologische Dienst Schwerin unter Leitung von Prof. Dr. H.-L. HECK und Chefgeologen Dr. O. GEHL zusammen mit dem VEB Schachtbau Nordhausen von 1955 bis 1957 eine Lagerstättenerkundung auf Bernstein im Bereich der Schorre, am Strand und Kliff sowie im Hinterland bei Stubbenfelde (Usedom) durch. Neben der Bernsteinlagerstätte des Samlandes wurde erstmalig ein Bernsteinvorkommen in pleistozänen Sedimenten nach Lagerung, Ausdehnung und Konzentration erkundet.

Der Ostseebernstein und seine Verbreitung auf sekundären Lagerstätten

a) Unter Bernstein i. e. S. versteht man Ostseebernstein (= Succinit), das bei Verletzung austretende Harz der eozänen Bernsteinkiefer [Sammelart: *Pinus succinifera* (GÖPPERT), CONWENTZ 1890]. Je nach der Menge der beim Harzfluß eingeschlossenen Luft- und Zellsaftbläschen erscheint der Ostseebernstein im Durchlicht klar, getrübt oder milchig. Man unterscheidet nach ANDRÉE (1951, S. 7) folgende Varietäten:

Klarer Stein: gelb, durchsichtig;
Flomiger Stein: schwach, häufig wolkig getrübt[1];
Bastard: durchweg trübe;
Knochen: milchig-weiß;
Schaumiger Stein: stark porös und deshalb unbrauchbar[1]).

Infolge natürlicher Verwitterung bei längerem Lagern in porösen, trockenen, luftdurchlässigen Sanden geht der normale, gelbe „Seestein" in den „Erdstein" über, unter dessen hellgrauer, mürber Kruste der stark gefragte rubinrote „antike" Stein mit häufig noch klarem Kern zutage tritt. Quantitativ von Bedeutung sind im Stubbenfelder Vorkommen Übergänge zwischen See- und Erdstein, so daß klarer Stein und Bastard hier weiter untergliedert werden in:

gelben, klaren Stein — gelben Bastard
roten, klaren Stein — roten Bastard

Auf Grund seiner Widerstandsfähigkeit gegenüber mechanischen und chemischen Agentien übersteht der Bernstein im allgemeinen Sedimentumlagerungen ohne wesentlichen Substanzverlust. Da er in der obereozänen bis unteroligozänen „Blauen Erde" des Samlandes bereits auf sekundärer Lagerstätte auftritt, muß bei den jungtertiären und pleistozänen Vorkommen mit zahlreichen marinen, fluviatilen, glazifluviatilen und glazigenen Umlagerungen gerechnet werden.

b) In Osteuropa findet sich Bernstein deshalb sowohl in einem vom Samland in südöstlicher Richtung zum Schwarzen Meer verlaufenden Streifen im marinen, obereozänen *Spondylus*-Ton und den unteroligozänen, glaukonitischen Sanden der Charkow-Stufe als auch in den pleistozänen Ablagerungen bis zur maximalen Ausdehnung des Inlandeises im Dnjepr- und Donlobus.

Die Angaben MIDDENDORFS (1866) und KÖPPENS (1893) über Einzelfunde an der unteren Donau, bei Kamensk im östlichen Ural und an den Küsten des Eismeeres bis zur Mündung des Jenissei müßten im Hinblick auf die Verwechselung mit Resinit und anderen Harzen nach den von HASENKNOPF, FUCHS & GOTHAN (1933, S. 312) angegebenen Methoden überprüft werden.

c) Im Vereisungsgebiet Norddeutschlands fällt die südliche Verbreitungsgrenze des Bernsteins mit der Feuersteinlinie zusammen, bis zu der er durch das Inlandeis verschleppt wurde. Eine Zusammenstellung der Vorkommen zwischen Samland und Oder gibt ZADDACH (1869); weitere Fundortangaben findet man bei DAMMER & TIETZE (1914, S. 445). Als Lokalgeschiebe wurde Bernstein in der Lausitz (HEINKE 1933 und NAUMANN 1933) und um 1731 bei Grosswig (Meßtischblatt Schmiedeberg i. Anhalt; v. LINSTOW 1920, S. 20) häufig gefunden. Weitere Einzelvorkommen (33 Stücke) beschreibt BOHNSTEDT (1936) aus saaleeiszeitlicher Grundmoräne von Brietz bei Stendal. In Neustadt-Eberswalde lieferte eine Scholle von unteroligozänem Glaukonitsand Bernstein „in bedeutenden Quantitäten" (REMELÉ 1875, S. 710). Bernsteingerölle bis zu einem Gewicht von 320 Gramm kamen zusammen mit Holzresten 1833 bei der Kiesgewinnung bei Brandenburg (Havel) zutage (STEINBECK 1841; zitiert bei KUMMEROW 1930, S. 141); in Gr. Schönebeck bei Zehdenick soll es sogar auf einer Scholle von „Blauer Erde" zu Bernsteingräbereien gekommen sein (HUCKE 1922, S. 291). Vergesellschaftet mit Braunkohlenhölzern tritt nach ČEPEK (1958, S. 162) Bernstein bis Faustgröße nesterweise im Tagebau Finkenheerd bei Frankfurt (Oder) in pleistozänen Spatsanden, die mit einer Erosionsdiskordanz die pliozänen Quarzsande überlagern, auf. GEINITZ (1922, S. 117) berichtet weiterhin, daß „am Ostufer der Müritz häufig Bernstein ausgeworfen wird".

In weiter Verbreitung scheint der Bernstein ferner an Basis und Oberkante von Talsandterrassen vorzukommen. Bei Ausschachtungsarbeiten zum Bau der Berliner U-Bahn fand KAUNHOWEN 1909 zwischen Oberem Ge-

[1]) Im Stubbenfelder Vorkommen selten und daher hier bedeutungslos

ZEITSCHRIFT FÜR ANGEWANDTE GEOLOGIE

CHEFREDAKTEUR: PROF. DR. E. LANGE

BAND 6 · 1960 · HEFT 1 bis 12

INHALTSVERZEICHNIS

Artikel ohne Verfasserangabe

Geologie, Paläontologie

Mineralogie, Petrographie

Geochemie, Lagerstättenkunde, Bergbau

Geophysik

Ingenieurgeologie, Hydrogeologie, Bodengeologie

Methodik der Erkundung

Vorratsberechnung

Chemie, Physik

Technisches

Wirtschaftliches

Wissenschaftliche Tagungen

Sonstiges

Lesesteine

Besprechungen und Referate

Besprechungen und Referate ohne Verfasserangabe

Neuerscheinungen und Literaturhinweise

Nachrichten und Informationen

Kurznachrichten

schiebemergel und Talsand einen 0,1—0,2 m mächtigen kiesigen Sand mit zahlreichen Geröllen von Bernstein und Braunkohlenhölzern, die sich örtlich zu allochthonen Flözen anreichern können. Unter einer Decke von Raseneisenerz auf Talsand trat im Elbetal zwischen Dömitz und Lauenburg Bernstein auf (KOCH 1853, S. 30). HÄPKE (1875) gibt weitere Fundorte im Elburstromtal bis Glückstadt an. Hiermit bestätigt sich also ANDRÉEs Vermutung, daß der Bernstein der Nordsee unter anderem auch durch das Inlandeis vom Samland nach Süden und von hier durch Schmelzwässer in den Urstromtälern nach NW verdriftet worden sei (ANDRÉE 1937, S. 40).

Für die Deutung der Lagerstätte von Stubbenfelde (Usedom) verdienen Vergesellschaftungen von eozänem Bernstein und miozänen Xyliten besondere Aufmerksamkeit; z. B. die „Gestreiften Sande" des Samlandes, die miozänen Sande und Glimmertone von Schmiedeberg (FISCHER 1930), die Glimmersande Südwestmecklenburgs (GEINITZ 1889, S. 3) und die pleistozänen Schmelzwassersande von Gammelin bei Hagenow i. Mecklenburg mit Xylitgeröllen von *Pinites megapolitanus* KOBBE und *Cupressinoxylon uniradiatum* GÖPPERT (GEINITZ 1914, S. 28). Nach WETZEL (1939, S. 818) kommen im weichseleiszeitlichen Geschiebemergel von Wagrien gehäuft Bernsteingeschiebe im Stromschatten von Aufragungen miozäner Schichten vor. Auf Grund der Bernsteinfunde rekonstruiert WETZEL ein miozänes Festland, das „im Gebiet etwa der heutigen westlichen Ostsee einen Bernsteinwald trug, aus welchem der Bernstein durch fluviatilen Transport auswanderte bis in ein küstennahes Niederungsgebiet unter dem heutigen Schleswig-Holstein". Unter Hinweis auf die Umlagerungen eozänen Bernsteins über die oligozäne „Blaue Erde" in die miozänen „Gestreiften Sande" des Samlandes und die mögliche Fortsetzung der „Blauen Erde" am Grunde der Ostsee bis nach Rügen und einer von hier aus während des Miozäns erfolgten Umlagerung lehnt ANDRÉE (1942) diese Annahme ab.

d) Im Bereich der Nordsee tritt Bernstein sowohl in den rezenten als auch in den interglazialen, marinen Bildungen weit verbreitet auf; besonders häufig an den Stranden der Ost- und Nordfriesischen Inseln. Das westlichste Vorkommen von Succinit liegt bei Cromer

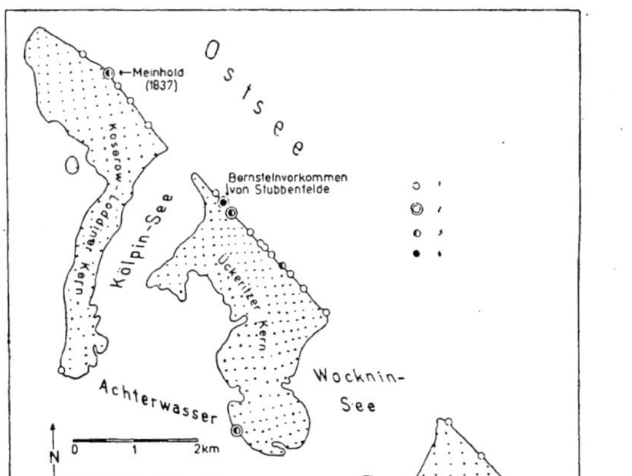

Abb. 1 Verbreitung der durch Braunkohlen- u. Bernsteingerölle gestreiften Beckensande in den Inselkernen Mittelusedoms

o — Einzelne schwarze Bänder, ◎ — zahlreiche schwarze Bänder, ◐ — desgl. mit vereinzelten Bernsteingeröllen, • — desgl., mit zahlreichen Bernsteingeröllen

an der Ostküste Englands; hier spült die Nordsee jährlich 1,5—2 kg Bernstein — vermutlich aus submarin aufbereiteten interglazialen Tonen — an (CONWENTZ 1890, S. 168).

e) Die Bernsteinvorkommen der dänischen und schwedischen Kattegat- und Ostseeküsten wurden von CONWENTZ (1890) und DAHMS (1922) zusammengefaßt. Die nördlichsten Fundpunkte liegen bei Frederikshaven, in der schwedischen Provinz Halland und auf der Insel Öland.

f) An der mecklenburgischen Ostseeküste wird Bernstein besonders häufig ausgeworfen: an der Bernsteininsel vor Darßer Ort, am Darßer Nordstrand, im Strandgeröll des Dornbusches, westlich Kap Arkona und an der Außenküste Mönchguts. Die Südostküste der Greifswalder Oie lieferte nach v. LINSTOW (1919, S. 11 und 1922, S. 31) jährlich bis zu 5 kg Bernstein. In den holozänen marinen Sanden der Kaase-Wiese bei Peenemünde an der Nordwestspitze Usedoms gingen um die Mitte des vorigen Jahrhunderts sogar Grabungen um (DEECKE 1907, S. 134). Bei Nordostwinden wird Bernstein in großen Mengen schließlich an der gesamten Außenküste Usedoms und Wollins vom Peenemünder Haken bis Misdroy angeschwemmt. Daß Bernstein an den Steiluferbildungen des Streckelsberges vorkommt, war bereits MEINHOLD (1837, S. 197) bekannt. Bei Abbrüchen im Zuge des vor dem Streckelsberg früher sehr starken Küstenrückganges wurden „zuweilen schwarze Kohleadern sichtbar, in welchen dann fast immer Bernstein, wenn auch nur in kleinen Stücken, angetroffen wird". Diese Funde lassen sich nicht, wie DEECKE (1907, S. 135) vermutet, auf glazigen aufgepreßte und der Abrasion unterliegende „Blaue Erde" zurückführen, sondern auf Bernsteinnester in jungpleistozänen Schmelzwassersanden, die zur Zeit am Steilufer bei Stubbenfelde freigelegt sind.

Das Bernsteinvorkommen von Stubbenfelde (Usedom)

Lagerung im Bereich des Bernsteinvorkommens

Etwa 100 bis 150 m nordwestlich des Stubbenfelder Strandes, ca. 2,5 km südwestlich des Streckelsberges, werden nachweislich seit 1850 überdurchschnittliche Bernsteinfunde gemacht. Das Vorkommen liegt an der NW-Ecke des Ückeritzer Stauchendmoränenkernes (Abb. 1), und zwar im tieferen Teil einer bis 40 m mächtigen Älteren Beckensandserie, die unter Strandniveau von einem grauen, tonigen, wahrscheinlich dem Velgaster Stadium zuzuordnenden Unteren Geschiebemergel unterlagert wird. Von dem erneut vordringenden und sich dabei in zahlreiche Zungen aufspaltenden Oderlobus des Nordrügenschen Stadiums wurden Unterer Geschiebemergel und Älterer Beckensand gestaucht; dabei durchspießte der Untere Geschiebemergel auf Grund seiner größeren Mobilität den Älteren Beckensand sattel- und schuppenförmig (SCHULZ 1959). Im Bereich des Bernsteinvorkommens liegt NW-vergente Schuppenbildung in Abständen von rd. 100 m vor (durchschnittliches Streichen: 45°, Fallen: 35° nach SE; vgl. Abb. 2 und 3). Diskordant über dieser gestauchten Serie liegt der nur noch örtlich vorhandene, im allgemeinen als Geschiebepflaster erhaltene, braune, stark sandige Obere Geschiebemergel des Stadiums H. Die pleistozänen Ablagerungen werden von einer fortlaufend in Umlagerung begriffenen Kliffranddüne bedeckt.

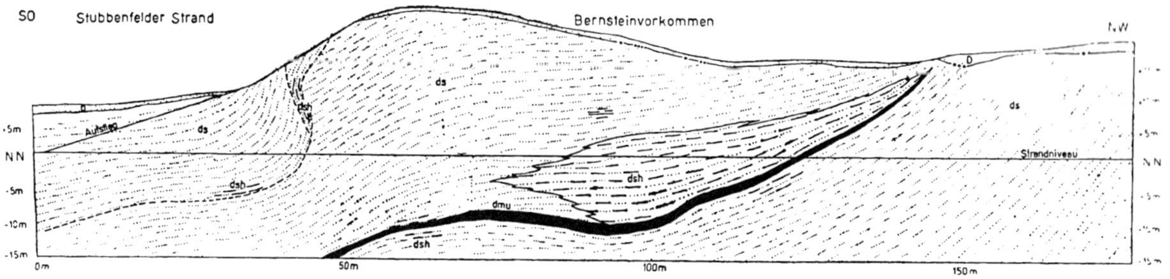

Abb. 2. Schuppenförmige Lagerung am Bernsteinvorkommen von Stubbenfelde (Usedom)
dm_u — Unterer Geschiebemergel; ds — Älterer Beckensand; ds_h — Älterer Beckensand, durch Braunkohlen- und Bernsteingerölle gebändert; D — Kliffranddüne; — — — Überschiebung; o o — einzelne große Geschiebe

Aufbau der Lagerstätte

Das Auftreten des Bernsteins im Älteren Beckensand am Kliff von Stubbenfelde ist in ähnlicher Gesetzmäßigkeit an Einlagerungen von Braunkohlengeröllen gebunden wie im Talsand Berlins und des Unterelbegebietes. Die Braunkohlengerölle setzen sich überwiegend aus Xyliten bis 20 cm Durchmesser zusammen. Nur untergeordnet beteiligen sich Gerölle einer erdigen Weichbraunkohle, die nach einer Untersuchung der Staatlichen Geologischen Kommission Pollen der *henrici*-

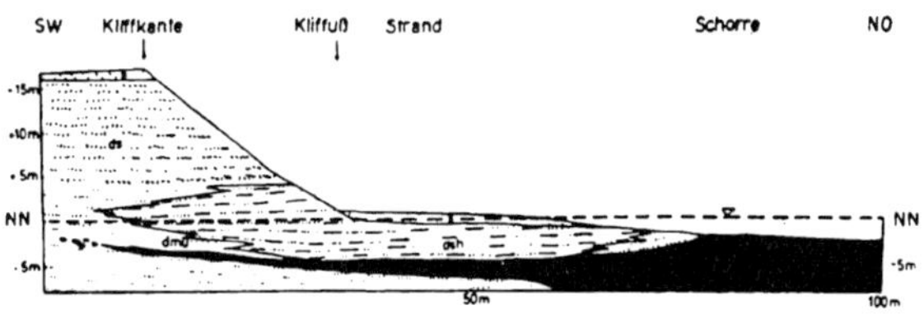

Abb. 3. Querschnitt durch das Bernsteinvorkommen von der Hochfläche über den Strand zur Schorre (Symbole vgl. Abb. 2)

Gruppe führen, die ohne die *dolium*- und *pseudocingulum*-artigen Formen auf das Miozän beschränkt sind (KRUTZSCH 1957, S. 525). Diese lagenweisen Anreicherungen von Braunkohlengeröllen treten in sämtlichen Aufschlüssen des Bansiner, Ückeritzer und Koserow-Loddiner Inselkernes auf (Abb. 1), halten sich im allgemeinen an die Basis des Älteren Beckensandes und wurden mit in die Stauchung einbezogen; d. h., sie liegen unmittelbar über oder unter einer Schuppe von Unterem Geschiebemergel oder zu beiden Seiten einer Überschiebung. Von vereinzelten kleineren Stücken abgesehen, beschränken sich die überdurchschnittlichen Bernsteinmengen nach heutiger Kenntnis auf die Umgebung des Streckelsberges und den nordwestlichen Teil des Ückeritzer Inselkernes. Im Stubbenfelder Vorkommen erlangt diese kohlereiche, gebänderte Fazies eine maximale Mächtigkeit von 13 m und liegt im Hangenden einer Schuppe von Unterem Geschiebemergel (Abb. 2). In Abständen von 0,5 bis 1,2 m reichern sich hier die Braunkohlengerölle zu allochthonen Flözen von 2—20 cm Mächtigkeit oder Gruppen von Flözchen (Abb. 4) an, die nur geringe Mengen von Bernstein geliefert haben. In höheren Konzentrationen tritt der Bernstein dagegen in jenen Horizonten auf, die durch einzelne bis erbsengroße Kohlepartikel gesprenkelt erscheinen oder nur vereinzelte kohlige Schmitzen führen[2]).

Ausdehnung des Vorkommens

Die Ausdehnung dieser lokalen Bernsteinanreicherung geht aus den Abb. 2 und 3 hervor, die durch vom Kliff in das Hinterland vorgetriebene Stollen, aus auf der Hochfläche in Nähe der Kliffkante angesetzten Schürfschächten, nach Bohrungen auf der Hochfläche und am Strand sowie aus einer Kartierung des Seegrundes[3]) im Bereich der Schorre konstruiert wurden. Das Vorkommen hat die Form eines schräg im Raum liegenden Ellipsoids mit einer Länge und Breite von je 75 m und einer maximalen Mächtigkeit von 13 m. Durch kontinuierliche Abnahme der Bernstein- und Kohleeinschwemmungen geht der Beckensand randlich in seine normale Fazies über.

Von dem ca. 40% umfassenden, ursprünglich über NN liegenden Teil der Lagerstätte (Abb. 3) haben Hochwässer bereits zwei Drittel abgetragen. Die Abrasion dauert an und beliefert Schorre und Strand vor Usedom mit Seestein.

Konzentration, Verteilung der Varietäten und Korngröße des Bernsteins

Dem Charakter einer Seife entsprechend, gibt man die Konzentration bei Bernsteinlagerstätten in kg Bernstein pro m³ Fördergut an. Die durch Stollenbetrieb er-

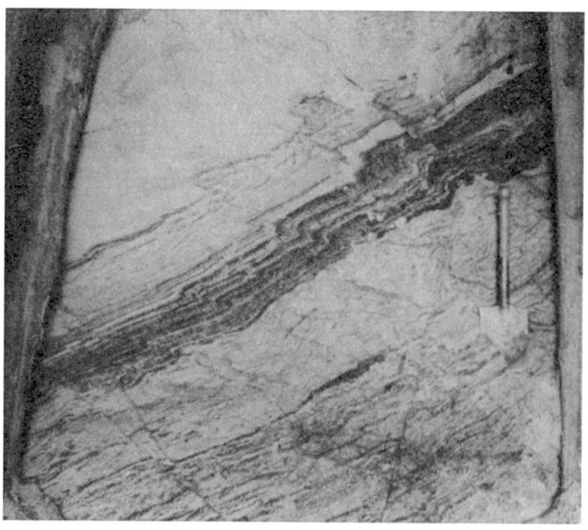

Abb. 4. Die durch Anreicherung von Braunkohlengeröllen entstandenen allochthonen Flöze enthalten im allgemeinen nur geringe Bernsteinmengen.

---

[2]) In dieser Fazies wurden auch die größten Stücke der Erkundung von 1957 gefunden, die folgende Größen aufwiesen:

Varietät	Gewicht in g	Ausmaß in cm
1) Gelber Bastard mit roter Kruste	303	11 × 9,5 × 5,5
2) Gelber Bastard	266	13,5 × 8 × 5
3) Gelber Bastard mit roter Kruste	156	14,5 × 6 × 3,2

[3]) Die Kartierung des Seegrundes bis 2,5 m Wassertiefe wurde nach folgendem von K. RABE, Schwerin, vorgeschlagenen und angewandten Verfahren durchgeführt: Die beim Stollen- und Schachtbetrieb benutzte Preßluft wurde durch Schläuche auf die Schorre geleitet; die mit einem Überdruck von 5 atü ausströmende Luft spülte am Seeboden trichterförmige „Schürfgruben" von 1 m Tiefe aus, die eine „bequeme" Probenahme gestatteten.

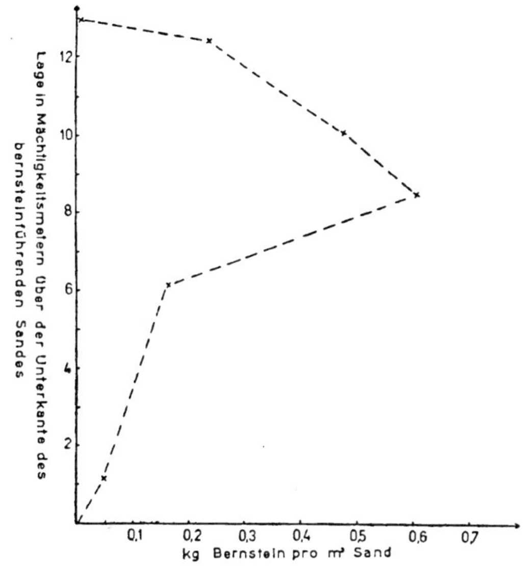

Abb. 5. Änderungen der Bernsteinkonzentration zwischen Unter- und Oberkante des bernsteinführenden Sandes (unter Verwendung der aus der Stollenförderung gewonnenen Durchschnittswerte)

mittelte Bernsteinkonzentration des über Mittelwasser liegenden Bereiches zwischen Kliffuß und Kliffkante ergaben örtlich einen

maximalen Wert von 1,480 kg pro m³ und einen
durchschnittlichen Wert von 0,357 kg pro m³.

Der durchschnittliche Bernsteingehalt liegt weit unter dem der im Tagebau gewonnenen „Blauen Erde", der sich nach ANDRÉE (1937, S. 186) auf 1,3–1,575 kg pro m³ beläuft.

Über die Änderungen der Konzentration vom Liegenden zum Hangenden des bernsteinführenden Sandes gibt Abb. 5 Auskunft. Während in den unteren 6 m nur minimale Werte erreicht werden, steigt der Gehalt in den oberen 7 m bis auf 604 g pro m³ an, um nach dem Hangenden kontinuierlich auf den Wert 0 abzusinken.

Die Verteilung der Bernsteinvarietäten zwischen Unter- und Oberkante der Lagerstätte zeigt Abb. 6.

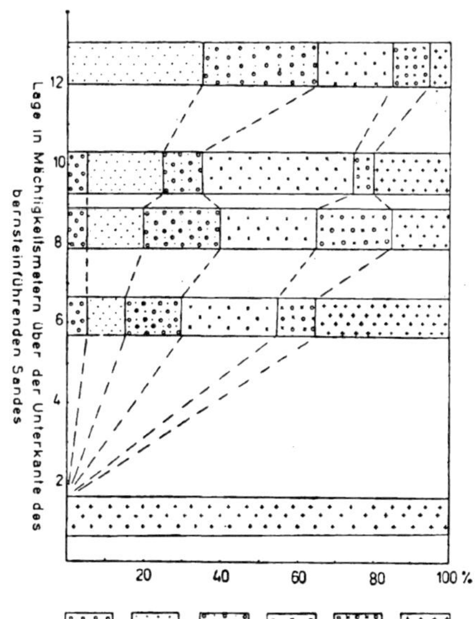

Abb. 6. Verteilung der Bernsteinvarietäten zwischen Unter- und Oberkante des bernsteinführenden Sandes

1 – Knochen, 2 – Gelber klarer Stein, 3 – Gelber Bastard, 4 – Roter klarer Stein, 5 – Roter Bastard, 6 – Antiker Stein

Während an der Basis ausschließlich antiker Stein vorkommt, treten nach dem Hangenden zu die gelben und roten Varietäten in den Vordergrund. Offensichtlich liegt hier eine Umkehr der ursprünglichen Lagerung vor. Der ehemals über dem Grundwasserspiegel liegende, vermutlich bereits in tertiärer Zeit verwitterte, antike Erdstein unterlag zuerst der Abtragung und erneuten Sedimentation. Das für die Stubbenfelder Lagerstätte charakteristische Vorherrschen roter Varietäten im hangenden Teil muß dagegen wohl als holozäne Verwitterungserscheinung gedeutet werden.

Die durch Siebung ermittelte Korngrößenverteilung des Bernsteins (Abb. 7) ergab für die von der Schmuckwarenindustrie geforderten Korndurchmesser über 10 mm im Durchschnitt nur 23 Gewichtsprozente. Die überwiegende Menge kann also nur zur Herstellung von Preßbernstein oder Bernsteinlack Verwendung finden.

Im Hinblick auf die niedrige Konzentration und die ungünstige Kornverteilung, die geringe Ausdehnung und die komplizierte Lagerung des Vorkommens, den mächtigen Abraum am Fuße des Kliffs und aus Gründen des Küstenschutzes muß zur Zeit von einem bergmännischen Abbau des Bernsteins von Stubbenfelde Abstand genommen werden.

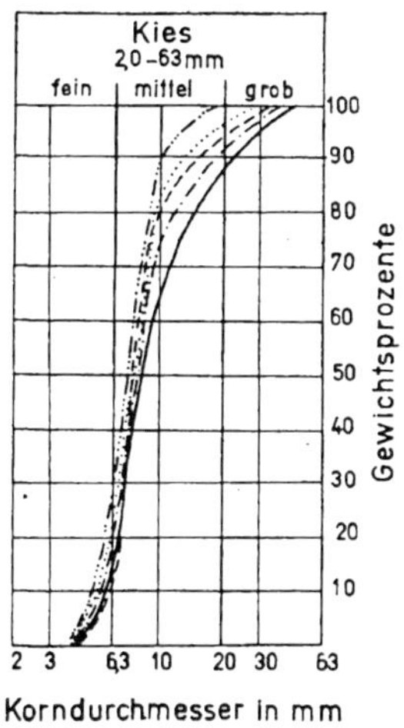

Abb. 7. Kornverteilungskurven des Bernsteins von Stubbenfelde

Genese der Lagerstätte

Der Bernstein von Stubbenfelde wurde mehrmals umgelagert. Folgende Möglichkeiten kommen in Betracht:

1) Er wurde von Bernsteinkiefern eines bewaldeten miozänen Festlandes im Bereich der südwestlichen Ostsee produziert (WETZEL 1939 und 1940). Durch die im Bernstein eingeschlossenen Pollen und Hölzer wäre seine Bildungszeit zu belegen.

2) Bernsteinführende, in ihrer Fazies unbekannte Sedimente und flözführendes Miozän existierten unabhängig voneinander und wurden durch Schmelzwässer beim Eisrückzug zwischen Velgaster und Nordrügenschem Stadium erstmalig zusammen abgelagert.

3) Eozäner Ostseebernstein wurde während des Miozäns in klastische Sedimente vom Charakter der „Gestreiften Sande" des Samlandes und der Glimmersande des Unterelbegebietes umgelagert. Dieses im Bereich der Oderbucht anzunehmende flöz- und bernsteinführende Miozän unterlag der spätweichseleiszeitlichen Abtragung und wurde entweder direkt als Anstehendes oder als glazigene Scholle durch Schmelzwässer aufbereitet. Schmelzwässer verdrifteten dann die Xylit- und Bernsteingerölle in einen Stausee, der sich im Bereich des Achterwasserzungenbeckens gebildet hatte.

Dieser glazifluviatile und der rezente marine Transport vollziehen sich auf Grund der nur geringen Unterschiede im spezifischen Gewicht zwischen Transportmedium und Geröll:

	Spez. Gewicht (gr/cm³)	
Ostseewasser der Oderbucht:	1,0064	(bei 7,9°C u. 8% Salzgehalt; Jahresmittel u. Mittel zwischen Oberflächen- u. Bodenwasser; Atlas für Temperatur, Salzgehalt u. Dichte der Nord- u. Ostsee)
Rezentes Grundwasser aus Sandersanden:	1,0013	(bei 8°C; Krakow am See i. Mecklbg.)
Braunkohlenhölzer von Gammelin bei Hagenow i. Mecklbg.:	1,052 bis 1,108	(GEINITZ 1914, S. 28)
Bernstein, je nach Varietät:	1,05–1,096	(ANDRÉE 1937, S. 14)

Braunkohlenhölzer und Bernstein als relativ leichte Komponenten wurden durch Strömungen aufgewirbelt und fast schwebend verfrachtet, bis sie schließlich in stillen Buchten, auf Untiefen, an Ufern und dergleichen mit Beckensand zum Absatz kamen. Gletscherzungen des Stadiums II überfuhren und stauchten den vor ihnen aufgeschütteten Beckensand. Dabei wurde das Bernsteinvorkommen von Stubbenfelde in den Schuppenbau einbezogen, und heute unterliegt es mit fortschreitendem Küstenrückgang der Abrasion.

Zusammenfassung

Nach der Definition des Begriffes Ostseebernstein wird auf die sekundären Bernsteinlagerstätten unter besonderer Berücksichtigung der Vorkommen in pleistozänen Sedimenten des norddeutschen Vereisungsgebietes eingegangen.

Die an der Außenküste Usedoms gegenwärtig der Abrasion unterliegende Bernsteinlagerstätte von Stubbenfelde wurde erkundet. Eozäner Bernstein und Gerölle miozäner Braunkohlen wurden hier von Schmelzwässern infolge ihres nahezu gleichen spezifischen Gewichtes in jungglaziale Beckensande umgelagert und nachträglich in einen glazigenen Schuppenbau einbezogen. Die Lagerstätte weist eine Ausdehnung von ca. 75 × 75 m bei einer maximalen Mächtigkeit von 13 m und einer durchschnittlichen Bernsteinkonzentration von 0,357 kg/m³ auf.

Резюме

После определения понятия ,,янтарь Балтийского моря'' обсуждаются вторичные месторождения в плейстоценовых осадках северогерманского оледенения.

Разведывалось расположенное на наружном берегу о. Узедома месторождение янтаря Штуббенфельд. Это месторождение в настоящее время подвергнуто абразии. Эоценовый янтарь и валуны миоценовых бурых углей вследствие почти равного удельного веса тающими водами переотложились в молодые гляциальные бассейные пески, потом принимали участие при образовании глацигеновой чешуйчатости. Месторождение имеет размеры в 75 × 75 м при максимальной мощности в 13 м и средней концентрации янтаря в 0,357 кг на кубометр.

Summary

After the definition of the term ,,Baltic Sea amber'', the secondary amber deposits are investigated with special reference to the occurrences in Pleistocene sediments of the North German glaciation area.

The Stubbenfelde amber deposit on the outer coastline of Usedom, at present subjected to abrasion, was explored. Owing to their nearly equal specific gravity, Eocene amber and Miocene brown-coal boulders were reassorted into young glacial basin sands by melt waters, and were subsequently included in a glacigeneous imbricate structure. The deposit shows an extension of approximately 75×75 metres at a maximum thickness of 13 metres and an average amber concentration of 0.357 kg/m³.

Literatur

ANDRÉE, K.: Der Bernstein und seine Bedeutung in Natur- und Geisteswissenschaften, Kunst und Kunstgewerbe, Industrie und Handel. Königsberg 1937.

– Die Herkunft des Nordseebernsteins. – Forsch. u. Fortsch., 18, S. 155, Berlin 1942.

– Miozäner Bernstein im Westbaltikum und an der Nordsee? – Petermanns Geogr. Mitt., 88, S. 172–178, Gotha 1942.

– Referat der Arbeiten von W. WETZEL (1939 u. 1940). – N. Jb. Min., III. Abt., S. 168, Stuttgart 1942.

– Der Bernstein – Das Bernsteinland und sein Leben. – Kosmos, Stuttgart 1951.

BOHNSTEDT, F.: Ein Anhänger aus einheimischem Bernstein von Brietz, Kr. Salzwedel. – Jahresschrift für die Vorgeschichte der sächs.-thür. Länder, 24, HAHNE-Festschrift, S. 116, Halle 1936.

CEPEK, A. G.: Zum Pliozän in Brandenburg. – Ber. geol. Ges., 3, S. 158 bis 170, Berlin 1958.

CONWENTZ, H.: Über die Verbreitung des Succinits, besonders in Schweden und Dänemark. – Schr. Naturforsch. Ges. Danzig, N. F., 7, S. 163–176, Danzig 1890.

DAHMS, P.: Verwitterungsvorgänge am Bernstein; mineralogische Untersuchungen über Bernstein. – XI. Schr. Naturforsch. Ges. Danzig, N. F., 13, S. 175–243, Danzig 1914.

– Danzig als Heimat des Bernsteins. – Naturwiss. Wochenschrift, N. F., 21, Nr. 7, S. 89–99, Jena 1922.

DAMMER, B. & O. TIETZE: Die nutzbaren Mineralien mit Ausnahme der Erze, Kalisalze, Kohlen und des Petroleums, Bd. 2. – Stuttgart 1914.

DEECKE, W.: Geologie von Pommern. – Berlin 1907.

DÜWELL: Über Bernstein im allgemeinen und besonders über den auf Hiddensee eingesammelten. – Ber. lit.-ges. Ver., 1, Stralsund 1867.

FISCHER, W.: Von dem bei Schmiedeberg im sächsischen Kurkreis in den Jahren 1731–1733 gegrabenen Bernstein. – Sitzungsber. u. Abh. Naturwiss. Ges. Isis Dresden, Jg. 1929, S. 33–47, Dresden 1930.

GEHL, O.: Geologische Wanderungen in Mecklenburg; 2. Eine Strandwanderung auf Usedom zwischen Koserow und Ückeritz. – Neue Mecklenburgische Monatsh., 3, S. 153–157 (1957).

GEINITZ, E.: XI. Beitrag zur Geologie Mecklenburgs. Neue Tertiärvorkommnisse in und um Mecklenburg. – Archiv d. Ver. d. Fr. d. Nat. i. Mecklenburg, 43, S. 1–16, Güstrow 1889.

– Das Bernsteinvorkommen von Gammelin. – Archiv d. Ver. d. Fr. d. Nat. i. Mecklenburg, 68, S. 25–29, Güstrow 1914.

– Geologie Mecklenburgs. – Rostock 1922.

HÄPKE, L.: Der Bernstein im nordwestlichen Deutschland. – Abh. naturwiss. Ver. Bremen, 4, S. 525–550, Bremen 1875.

HASENKNOPF, W. FUCHS & W. GOTHAN: Über fossile Harze der Grube Golpa bei Bitterfeld. – Braunkohle, 32, S. 309–315 u. 326–329, Halle 1933.

HEINKE, C.: Bernstein in der Oberlausitz. – Zittauer Geschichtsblätter, 10, Nr. 3, S. 11–12 (1933).

HUCKE, K.: Geologie von Brandenburg. – Stuttgart 1922.

KAUNHOWEN, F.: Das geologische Profil längs der Berliner Untergrundbahn und die Stellung des Berliner Diluviums. – Jb. preuß. geol. Landesanst. f. 1906, 27, S. 375–398, Berlin 1909.

KLAUTZSCH, A.: Erl. zur geol. Karte von Preußen, Blatt Cröslin. – Berlin 1918.

KLIEWE, H.: Die spät- und nacheiszeitliche Formenentwicklung der Insel Usedom – Untersuchungsmethoden und Forschungsergebnisse. – Wiss. Z. Univ. Greifswald, Jg. VII, Math.-Nat. R. 3/4, S. 1–3, Greifswald 1957/58.

– Ergebnisse geomorphologischer Untersuchungen im Odermündungsraum. – Geogr. Ber., H. 10/11, S. 10–26, Berlin 1959.

KOCH, F. E.: Beiträge zur Geognosie Mecklenburgs. – Archiv d. Ver. d. Fr. d. Nat. i. Mecklenburg, 7, S. 17–57, Güstrow 1853.

KÖPPEN, T.: Vorkommen des Bernsteins in Rußland. – Petermanns Geogr. Mitt., 39, S. 249–253, Gotha 1893.

KRUTZSCH, W.: Sporen- und Pollengruppen aus der Oberkreide und dem Tertiär Mitteleuropas und ihre stratigraphische Verteilung. – Z. angew. Geol., 3, S. 509–548, Berlin 1957.

KUMMEROW, E.: Fortschritte der Geschiebeforschung. – Centralblatt f. Min., Geol. u. Pal., S. 136–145, Stuttgart 1930.

LAPPE, K.: Über das Vorkommen des Bernsteins westwärts von der Spitze von Arkona. – Pommersche Provinzial-Blätter für Stadt und Land, 3, S. 98–100, Treptow a. d. Rega 1821.

LINSTOW, O. v.: Erl. zur geol. Karte von Preußen, Blatt Gräfenhainichen, 1. Aufl. – Berlin 1910.

– Erl. zur geol. Karte von Preußen, Blatt Karlshagen und Insel Greifswalder Oie. – Berlin 1919.

– Erl. zur geol. Karte von Preußen, Blatt Schmiedeberg. – Berlin 1920.

– Verbreitung der tertiären und diluvialen Meere. – Abh. preuß. geol. Landesanst., N. F., H. 87, Berlin 1922.

MEINHOLD, W.: Humoristische Reisebilder von Usedom. – Stralsund 1837.

MEYN, L.: Der Bernstein der norddeutschen Ebene auf 2., 3., 4., 5. und 6. Lagerstätte. – Z. deutsch. geol. Ges., 28, S. 171–202, Berlin 1876.

MIDDENDORFF: Der Bernstein an den Küsten des Polarmeeres. – Petermanns Geogr. Mitt., 12, S. 308, Gotha 1866.

NAUMANN, H.: Bernstein, das nordische Gold in der Oberlausitz. – Niederschl. Heimatblätter, Beil. zu den Görlitzer Nachrichten, Nr. 21 vom 21. 5. und Nr. 22 vom 28. 5. 1933.

PLONAIT, C.: Über den sicheren Nachweis des Ostseebernsteins bei Verwechslung oder Fälschung mit besonderer Berücksichtigung einer optischen Unterscheidungsmethode für Bernstein und seine Imitationen. – Mitt. d. Abt. f. Gesteins-, Erz-, Kohle- und Salzuntersuchung d. preuß. geol. Landesanst., H. 2, S. 30–74, Berlin 1926.

REMELÉ, A.: Über eine diluviale Bernstein-führende Schicht inmitten des oberen Geschiebemergels bei Neustadt-Eberswalde. – Z. deutsch. geol. Ges., 27, S. 710, Berlin 1875.

SCHULZ, W.: Die Schuppenstruktur des Jungpleistozäns im Bereich der aktiven Steilufer Mittelusedoms. – Ber. geol. Ges., 4, S. 215–232, Berlin 1959.

WETZEL, W.: Miozäner Bernstein im Westbaltikum. – Z. deutsch. geol. Ges., 91, S. 815–822, Berlin 1939.

– Neue Gesichtspunkte zur Herleitung des Bernsteins im norddeutschen Untergrunde. – Forsch. u. Fortschr., 16, S. 272, Berlin 1940.

ZADDACH, G.: Beobachtungen über das Vorkommen und die Ausdehnung des Tertiärgebirges in Westpreußen und Pommern. – Schr. phys.-ökonom. Ges. Königsberg, 10, S. 1–82, Königsberg 1869.

Atlas für Temperatur, Salzgehalt und Dichte der Nordsee und Ostsee. – Deutsche Seewarte, Hamburg 1927.

Archivmaterial des Geologischen Dienstes Schwerin.

Beitrag zur Kalkstein- und Dolomitanalyse[1)]

GUIDO FRIESE, Berlin

1. Einleitung und Zielsetzung

Im Zusammenhang mit den vor einigen Jahren durchgeführten Untersuchungen über die Trennung des Calciums vom Magnesium in Dolomiten und Kalksteinen nach dem Oxalatverfahren wurden zwei Analysenverfahren ausgearbeitet, die eine quantitative Bestimmung und Trennung ohne Umfällung gestatteten (WOHLMANN 1954, FRIESE 1954).

Durch die Einführung der Chelatbildner in die chemische Analyse lag es nahe, die sich dabei ergebenden Vorteile auch für die Analysierung von Dolomiten und Kalksteinen auszunutzen. Das Äthylendiamin-tetraacetat (ÄDTA) bildet mit Aluminium, Eisen, Calcium und Magnesium bei 1:1-Reaktionen Metallchelate von hoher Stabilität. Da die Bildungskonstanten[2)] in der Größenordnung 10^9 bis 10^{25} liegen, ist bei der Ligandenzahl $n = 1$ in den Bildungskurven der Wendepunkt — entsprechend der vollständigen Bildung von 1:1-Chelaten — als Endpunkt scharf erkennbar.

Die Unterschiede in der Stabilität der ÄDTA-Chelate (log MY) von $Al^{3+} = 16{,}1$, $Fe^{3+} = 25{,}1$ gegenüber $Ca^{2+} = 10{,}7$ und $Mg^{2+} = 8{,}7$ sind groß genug, um die Reaktionen mit dem Chelatbildner in zwei p_H-Bereichen ablaufen zu lassen. Bei niederem p_H bilden nur noch die dreiwertigen Metalle stabile Chelate, da in diesem Fall die scheinbaren Stabilitätskonstanten, die im einfachsten Fall als eine Funktion der Wasserstoffionenkonzentration dargestellt werden, für die zweiwertigen Metalle so klein sind, daß sie nicht in das Gleichgewicht eingreifen können.

Für die Calcium- und Magnesiumtitration ist eine Maskierung kleiner Mengen Aluminium durch Komplexbildung mit Triäthanolamin möglich. Das Eisen kann durch Reduktion mit Ascorbinsäure und anschließende Überführung des zweiwertigen Eisens mit Kaliumcyanid in den Kaliumhexacyanoferrat(II)-Komplex ausgeschaltet werden.

Auf Grund dieser Maskierungsbedingungen sollte es möglich sein, sowohl Aluminium und Eisen simultan als auch Calcium und Magnesium nebeneinander in Gegenwart der zwei- bzw. dreiwertigen Metalle zu bestimmen.

2. Titration von Aluminium und Eisen bei Gegenwart von Calcium und Magnesium

2.1 Theoretische Grundlagen

Die weiter unten mitgeteilten eigenen Untersuchungen zur chelatometrischen Simultantitration von Aluminium und Eisen erstreckten sich auf eine Auswahl von Verfahren, die für die in der Praxis vorliegenden Gehalte an Aluminium, Eisen, Calcium und Magnesium in Kalksteinen und Dolomiten besonders geeignet erschienen. Vor allem der Einfluß des p_H-Wertes auf die Stabilität der zu bestimmenden und zu maskierenden Metallchelate wurde untersucht. Der p_H-Wert wurde so gewählt, daß sich äußerst stabile Chelate bilden konnten, die bei der Titration durch große pM-Sprünge ausgezeichnet sind. Die Größe des pM-Sprunges ist dadurch abhängig von den scheinbaren Stabilitätskonstanten der Chelate. Für eine bestimmte Wasserstoffionen- und Ligandenkonzentration ergibt sich unter Berücksichtigung der Verteilungskoeffizienten α_H und β_A[3)] die scheinbare Stabilitätskonstante aus der absoluten (SCHWARZENBACH 1956):

$$K' = K/\alpha_H \cdot \beta_A \qquad (1)$$

Für den Fall, daß neben der ÄDTA-Chelatbildung keine weitere Komplexbildung durch Pufferlösung oder Maskierungsmittel eintritt, gilt:

$$\log K' = \log K - \log \alpha_H \qquad (2)$$

Damit ist es bei Kenntnis der scheinbaren Stabilitätskonstanten möglich, in einem Mehrmetallsystem eines der Elemente selektiv mit ÄDTA zu titrieren, wenn die anderen Metallchelate mit einem $\log K' < 3$ so weit dissoziiert sind, daß sie nicht mehr stören.

Die scheinbaren Stabilitätskonstanten für Aluminium, Calcium und Magnesium lassen sich aus der vereinfachten Gleichung (2) berechnen. Dabei ist es günstiger, nicht den negativen Logarithmus des Verteilungskoeffizienten α_H zu berechnen, sondern ihn durch den Logarithmus der Wasserstoffionenkonzentration und den Logarithmus der Stabilitätskonstanten der Protonenkomplexe der Äthylendiamin-tetraessigsäure zu ersetzen. Für den p_H-Wert 2,0 geht Gleichung (2) dann über in:

$$\log K' = \log K + 3p_H - (\log K_{HY^{3-}} + \log K_{H_2Y^{2-}} + \log K_{H_3Y^-})$$

Es ergibt sich demnach für Ca^{2+} $\log K' < 1$, für Mg^{2+} $\log K' < 1$ und für Al^{3+} $\log K' = 3{,}0$. Die Erdalkalichelate sind somit vollständig dissoziiert, während das Aluminium eben noch nicht in das Gleichgewicht eingreift. Einige orientierende Versuche an Modellsubstanzen, das Eisen in Anwesenheit von Aluminium, Calcium und Magnesium zu titrieren, bestätigten dieses Ergebnis. Aluminiumkonzentrationen bis zu 10 mg neben 30 mg Eisen in 100 ml Lösung wirkten nicht auf das Titrationsgleichgewicht ein. Größere Aluminiummengen störten dagegen die Eisentitration.

Anschließend an die Eisentitration kann das Aluminium ebenfalls chelatometrisch bestimmt werden. Für die Erdalkalien errechnen sich die scheinbaren Stabilitätskonstanten in dem p_H-Bereich 3,0 bis 5,0 zu:

p_H	3,0	3,5	4,0	5,0
Ca^{2+}	<1	1,3	2,3	4,3
Mg^{2+}	<1	<1	<1	2,3

Bei p_H 5,0 ist die Bedingung $\log K' < 3$ für Calcium nicht mehr gegeben. Doch auch bei diesem p_H-Wert lassen sich noch Aluminiumtitrationen durchführen, wenn sich nur die Calciummengen in den Grenzen halten, wie sie z. B. in Kalksteinen bei einer Einwaage von 0,2 g vorkommen.

Die Aluminiumtitration kann direkt mit ÄDTA vorgenommen werden; dann ist es aber nötig, zwischen 80° und 100° zu titrieren, um die Bildung des Aluminiumchelates zu beschleunigen. Der p_H-Bereich muß eng begrenzt sein, um Hydrolyseerscheinungen auszuschalten. Wird bei p_H 4 titriert, so darf erst kurz vor Ende der Titration der p_H-Wert erhöht werden. Günstiger aber ist es, das Aluminium indirekt zu bestimmen. Der einzu-

[1)] Eingang des Manuskriptes in der Redaktion: 6. 11. 59.

[2)] Die Werte für die Bildungskonstanten wurden von SCHWARZENBACH (1956) übernommen. Sie gelten nur für die ionale Stärke $\mu = 0{,}1$ und für 20° C.

[3)] Die Ladungszeichen wurden weggelassen.

stellende p_H-Wert ist von der zur Rücktitration verwendeten Metallsalzlösung und dem Indikator abhängig.

2.2 Experimentelles

2.21 Direkte Eisentitration mit ÄDTA bei p_H 2,0 gegen das Zersetzungsprodukt von BINDSCHEDLERS Grün und indirekte Aluminiumbestimmung mit Eisen(III)-salzlösung bei p_H 3,5 gegen denselben Indikator (WEHBER 1957).

Indikator:

BINDSCHEDLERS Grün: Das Zersetzungsprodukt von BINDSCHEDLERS Grün wird mit Natriumchlorid im Verhältnis 1:20 verrieben. Safranin T: 1 g Safranin T als Rotkomponente wird mit Natriumchlorid 1:100 verrieben.

Pufferlösungen:

p_H 2,0: 12 g Natriumacetat + 50 g Monochloressigsäure werden in Wasser[4]) gelöst und auf 1000 ml aufgefüllt.

p_H 3,5: 0,95 Mol Essigsäure + 0,05 Mol Natriumacetat werden mit Wasser auf 1000 ml aufgefüllt.

Maßlösungen:

0,1 m ÄDTA: 37,21 g ÄDTA werden nach dem Trocknen bei 80° in Wasser gelöst und auf 1000 ml aufgefüllt. Diese Lösung kann als Standard benutzt werden.

0,1 m Eisen(III)-salzlösung. Die Titereinstellung wird mit der ÄDTA-Lösung gegen das Zersetzungsprodukt von BINDSCHEDLERS Grün bei p_H 3 vorgenommen.

Arbeitsvorschrift:

Die schwach saure Analysenlösung bringt man auf ein Volumen von 100 ml, stellt mit festem Natriumacetat $p_H \sim 2$ ein und gibt anschließend 10 ml Pufferlösung p_H 2,0 zu. Man fügt so viel Safranin T hinzu, bis die Lösung schwach rot erscheint, und dann noch etwa 50 mg Indikatormischung. Titriert wird mit 0,1 m ÄDTA-Lösung von Grün nach Rot.

Nach der Eisentitration wird ein auf die Aluminiummenge bezogener, etwa 50%iger Überschuß an ÄDTA zugegeben. Mit 20 ml Pufferlösung p_H 3,5 wird der p_H-Wert erhöht und die Lösung 2 Min. am Sieden gehalten. Nach dem Abkühlen auf Zimmertemperatur titriert man den ÄDTA-Überschuß mit 0,1 m Eisen(III)-salzlösung bis zum Farbwechsel von Rot nach Grün zurück.

Tabelle 1

mg Fe			mg Al			mg Ca	mg Mg
gegeb.	gef.	Diff.	gegeb.	gef.	Diff.	gegeb.	gegeb.
18,43	18,43	0,00	4,04	4,04	0,00	40,1	24,3
11,17	11,17	0,00	3,56	2,99	−0,57	120,3	84,0
8,38	8,49	+0,11	2,43	2,47	+0,04	40,1	24,3
3,35	3,24	−0,11	1,89	1,90	+0,01	40,1	24,3
7,54	7,59	+0,05	0,81	0,81	0,00	40,1	24,3
0,73	0,78	+0,05	3,33	3,27	−0,06	40,1	24,3
55,85	56,40	+0,55	26,97	–	–	–	–

Die Farbumschläge sind in allen Fällen gut zu erkennen. Die Genauigkeit der Eisen- und Aluminiumbestimmungen ist nach dieser Methode wie auch nach den folgenden bis auf zwei Ausnahmen gut. Bei Anwendung von 55,85 mg Eisen und steigendem Gehalt von 26,97 mg bis 53,94 mg Aluminium werden in allen Fällen Überbefunde festgestellt. Die Aluminiumtitration ist in Gegenwart von 120,3 mg Calcium und 84,0 mg Magnesium ebenfalls nicht quantitativ. Bei einem Gehalt von 3,56 mg Aluminium betragen die Differenzen von — 0,57 bis + 0,41 mg Aluminium.

2.22 Direkte Eisentitration mit ÄDTA bei p_H 2,0 gegen Variaminblau Base B (ERDEY & BODOR 1953) und direkte Aluminiumbestimmung mit ÄDTA bei p_H 3,0 gegen PAN (FLASCHKA & ABDINE 1956).

Indikatoren:

Variaminblau Base B: Variaminblau Base B wird mit Natriumchlorid 1:100 vermischt.

[4]) Das Wasser wurde durch Mischbettfilter gereinigt.

PAN: PAN wird als 0,1%ige alkoholische Lösung verwendet. Kupferkomplexonatlösung: 0,1 m Kupferkomplexonatlösung wird hergestellt durch 50 ml 0,2 m Cu(II)SO_4-Lösung + 50 ml 0,2 m ÄDTA-Lösung.

Pufferlösungen:

p_H 2,0: siehe 2.21

p_H 3,0: 0,98 Mol Essigsäure + 0,02 Mol Natriumacetat werden mit Wasser auf 1000 ml aufgefüllt.

Maßlösung:

0,1 m ÄDTA: siehe 2.21

Arbeitsvorschrift:

Die mit festem Natriumacetat und 10 ml Pufferlösung auf p_H 2,0 gepufferte Analysenlösung wird mit 50 mg Variaminblau Base B versetzt und mit 0,1 m ÄDTA-Lösung bis zum Ausbleichen der Blauviolettfärbung titriert. Der Äquivalenzpunkt ist erreicht, wenn die Lösung rein gelb erscheint.

Für die Aluminiumbestimmung erhitzt man sie bis zum Sieden, fügt 20 ml Pufferlösung p_H 3,0 und 2 Tropfen Kupferkomplexonatlösung hinzu und soviel PAN-Indikatorlösung, daß eine starke Rotfärbung entsteht. Anschließend titriert man mit 0,1 m ÄDTA-Lösung bis zum Farbumschlag nach Gelb. Da diese Titration in der Siedehitze durchgeführt werden muß, ist es zweckmäßig, auf einer heizbaren Titrierplatte mit Magnetrührung zu titrieren.

Tabelle 2

mg Fe			mg Al			mg Ca	mg Mg
gegeb.	gef.	Diff.	gegeb.	gef.	Diff.	gegeb.	gegeb.
18,43	18,54	+0,11	4,04	4,04	0,00	40,1	24,3
11,17	11,17	0,00	5,35	–	–	40,1	24,3
8,38	8,38	0,00	2,43	2,64	+0,21	40,1	24,3
3,35	3,35	0,00	1,89	2,03	+0,14	40,1	24,3
7,54	7,48	−0,06	0,89	0,97	+0,08	40,1	24,3
55,85	56,67	+0,82	40,45	–	–	–	–

Der Endpunkt der Eisentitration ist gut bestimmbar, der der Aluminiumtitration befriedigend.

2.23 Direkte Eisentitration mit ÄDTA bei p_H 2,0 gegen Chromazurol S und direkte Aluminiumbestimmung mit ÄDTA bei p_H 4,0 gegen denselben Indikator (THEIS 1955).

Indikator:

Chromazurol S: 1 g Chromazurol S wird in 100 ml Wasser gelöst.

Pufferlösungen:

p_H 2,0: siehe 2.21

p_H 4,0: 0,8 Mol Essigsäure + 0,2 Mol Natriumacetat werden in Wasser gelöst und auf 1000 ml aufgefüllt.

Maßlösung:

0,1 m ÄDTA: siehe 2.21

Arbeitsvorschrift:

Zu der schwach sauren Analysenlösung, die mit festem Natriumacetat auf $p_H \sim 2$ eingestellt wird, werden 10 ml Pufferlösung p_H 2,0 und drei Tropfen Indikatorlösung gegeben. Dann titriert man die Probe mit 0,1 m ÄDTA-Lösung bis zum Farbwechsel von Blau nach Orange.

Für die anschließende Aluminiumbestimmung wird die Lösung auf 80° erwärmt und direkt mit 0,1 m ÄDTA-Lösung bis kurz vor den Endpunkt titriert. Nun fügt man 10 ml Pufferlösung p_H 4,0 hinzu und titriert bis zum Farbwechsel von Orange nach Rot zu Ende.

Tabelle 3

mg Fe			mg Al			mg Ca	mg Mg
gegeb.	gef.	Diff.	gegeb.	gef.	Diff.	gegeb.	gegeb.
18,43	18,43	0,00	4,04	3,77	−0,27	40,1	24,3
11,17	11,17	0,00	3,56	3,97	+0,41	120,3	84,0
8,38	8,38	0,00	2,43	2,43	0,00	40,1	24,3
3,35	3,35	0,00	1,89	1,89	0,00	40,1	24,3
7,54	7,59	+0,05	0,81	0,81	0,00	40,1	24,3
0,73	0,82	+0,09	3,33	3,14	−0,19	40,1	24,3

Die Indikation des Eisens ist gut, der Farbwechsel am Aluminiumäquivalenzpunkt ist nicht sehr scharf.

2.24 Direkte Eisentitration mit ÄDTA bei p_H 2,0 gegen Tiron (SCHWARZENBACH & WILLI 1951) und indirekte Aluminiumbestimmung mit Blei(II)-salzlösung bei p_H 5,0 gegen Xylenolorange (HOUDA, KÖRBL, BAŽANT & PŘIBIL 1957).

Indikatoren:

Tiron: 2 g Tiron werden in 100 ml Wasser gelöst. Für eine Titration verwendet man 2 ml Indikatorlösung.

Xylenolorange: 1 g Xylenolorange wird mit 100 g Kaliumnitrat gut verrieben.

Pufferlösungen:

p_H 2,0: siehe 2.21

p_H 5,0: Urotropin p.a.

Maßlösungen:

0,1 m ÄDTA: siehe 2.21

0,1 m Blei(II)-salzlösung. Die Titereinstellung erfolgt mit 0,1 m ÄDTA-Lösung gegen Xylenolorange bei p_H 5,0.

Arbeitsvorschrift:

Die Analysenlösung wird mit festem Natriumacetat auf $p_H \sim 2$ eingestellt. Nach Zusatz von 2 ml Tironlösung und 10 ml Pufferlösung p_H 2,0 wird mit 0,1 m ÄDTA-Lösung titriert. Mit dem letzten Tropfen soll der Umschlag von schwach Grün in die rein gelbe Farbe des Eisen-ÄDTA-Chelates erfolgen.

Darauf gibt man einen dem Aluminium äquivalenten, etwa 50%igen ÄDTA-Überschuß hinzu und puffert mit festem Urotropin auf p_H 5,0. Nach Zugabe von 50 mg Xylenolorange wird die Rücktitration mit Blei(II)-salzlösung vorgenommen. Der Endpunkt ist durch einen Farbwechsel von Gelb nach Rot gekennzeichnet.

Da die Titration in der Kälte durchgeführt werden muß, aber die Aluminiumbestimmung nur dann quantitative Werte liefert, wenn die Analysenlösung eine Zeit lang gekocht wird, muß die Berechnung mit einem empirischen Faktor erfolgen.

Tabelle 4

mg Fe			mg Al			mg Ca	mg Mg
gegeb.	gef.	Diff.	gegeb.	gef.	Diff.	gegeb.	gegeb.
18,43	18,43	0,00	4,04	4,04	0,00	40,1	24,3
11,17	11,17	0,00	3,56	3,89	+ 0,33	120,3	84,0
8,38	8,38	0,00	2,43	2,43	0,00	40,1	24,3
3,35	3,35	0,00	1,89	1,89	0,00	40,1	24,3
7,54	7,59	+ 0,05	0,81	0,81	0,00	40,1	24,3
0,73	0,76	+ 0,03	3,33	3,27	− 0,06	40,1	24,3
55,85	57,11	+ 1,26	53,94	–	–	–	–

Die Farbänderungen am Äquivalenzpunkt sind gut. Der Farbwechsel bei der Rücktitration des Aluminiums bei größeren Erdalkalikonzentrationen verläuft von schwach Rosa nach Rot.

3. Titration von Calcium, Magnesium bei Gegenwart von Aluminium und Eisen

3.1 Theoretische Grundlagen

Die Summentitration von Calcium und Magnesium bei p_H 10 gegen Eriochromschwarz T und die Calciumtitration bei $p_H > 12$ gegen Murexid sind bei Anwesenheit von Eisen und Aluminium möglich.

Als Maskierungsmittel dienen Kaliumcyanid und Triäthanolamin, die durch Komplexbildung wirken und die dreiwertigen Metalle tarnen.

Bei der Summentitration wird entsprechend der Stabilitätskonstanten zuerst das Calcium und anschließend das Magnesium titriert. Auf Grund der Stabilitätsverhältnisse der Indikator- bzw. ÄDTA-Chelate von Calcium und Magnesium werden zunächst die nicht an Erio T gebundenen Calcium- und Magnesiumionen mit ÄDTA titriert. Der Farbumschlag erfolgt, wenn der an Metall gebundene Farbstoff in Freiheit gesetzt wird.

Infolge des Unterschiedes der Löslichkeitsprodukte von $Ca(OH)_2$ und $Mg(OH)_2$ ist die Calciumtitration neben Magnesium in stark alkalischer Lösung durchführbar. Das Magnesiumhydroxyd ist bei p_H 13 schwer löslich und fällt aus oder bleibt in geringer Konzentration metastabil in Lösung. Um einen reinen Niederschlag, der frei von Calcium ist, zu erhalten, ist es zweckmäßig, den Chelatbildner im geringen Überschuß im Neutralgebiet zuzugeben und erst anschließend den p_H-Wert einzustellen, um das überschüssige ÄDTA zurückzutitrieren.

Der als metallspezifisch für Calcium verwendete Indikator Murexid bildet mit dem Calcium ein rotes Metallchelat, der Farbstoff selbst ist oberhalb p_H 11 blauviolett.

3.2 Experimentelles

3.21 Summentitration von Calcium und Magnesium mit ÄDTA bei p_H 10 gegen Eriochromschwarz T (SCHWARZENBACH & BIEDERMANN 1948).

Indikator:

Erio T: 1 g Erio T und 100 g Natriumchlorid werden zusammen gut vermischt. Für eine Titration verwendet man etwa 50 mg.

Pufferlösung:

p_H 10: 70 g Ammoniumchlorid und 570 ml Ammoniak konz. werden mit Wasser zu 1000 ml gelöst.

Maskierungsmittel:

Kaliumcyanid p. a., 30%iges Triäthanolamin p. a., Ascorbinsäure DAB 6.

Maßlösung:

0,1 m ÄDTA: siehe 2.21

Arbeitsvorschrift:

Zu der schwach sauren Lösung gibt man eine Spatelspitze Ascorbinsäure und 10 ml Triäthanolamin. Hat sich die Ascorbinsäure vollständig gelöst, werden noch 10 ml Pufferlösung p_H 10 und eine Spatelspitze Kaliumcyanid hinzugefügt. Titriert wird nach Zugabe des Indikators bis zum Farbwechsel von Rot nach Blau.

Tabelle 5

mg Ca + Mg			mg Al	mg Fe
gegeb.	gef.	Diff.	gegeb.	gegeb.
64,26	64,56	+ 0,30	1,89	3,35
44,49	44,68	+ 0,19	4,04	8,38

Der Farbumschlag ist gut erkennbar. Die gefundenen Calcium-Magnesium-Mengen sind der Durchschnitt von 3 Titrationen. Der relative Fehler beträgt weniger als + 0,5%.

3.22 Calciumtitration mit ÄDTA bei p_H 13 gegen Murexid (SCHWARZENBACH & GYSLING 1949).

Indikator:

Murexid: 1 g Murexid wird mit 100 g Natriumchlorid fein verrieben. Etwa 50 mg werden für eine Titration benötigt.

Maskierungsmittel:

30%iges Triäthanolamin p. a.

Maßlösung:

0,1 m ÄDTA: siehe 2.21

1 m Natronlauge

0,1 m Calciumsalzlösung: Die Titereinstellung erfolgt mit 0,1 m ÄDTA-Lösung gegen Murexid bei p_H 13.

Arbeitsvorschrift:

Die auf 100 ml verdünnte Analysenlösung wird mit Natronlauge auf p_H 1 bis 2 gebracht und mit 15 ml Triäthanolamin und so viel 0,1 m ÄDTA-Lösung versetzt, daß eben ein kleiner Überschuß vorhanden ist. Dann werden 20 ml Natronlauge und 50 mg Indikatormischung zugegeben und mit 0,1 m Calcium(II)-salzlösung bis zum Farbwechsel von Violett nach Rot zurücktitriert.

Tabelle 6

mg Ca			mg Mg	mg Al	mg Fe
gegeb.	gef.	Diff.	gegeb.	gegeb.	gegeb.
40,08	40,28	+ 0,20	24,38	1,89	3,35
8,02	8,10	+ 0,08	36,57	4,04	8,38

Der Farbumschlag ist gut erkennbar. Die gefundenen Ergebnisse sind Durchschnittswerte von 3 Bestimmungen. Die Genauigkeit der Resultate ist gut.

4. Diskussion

Die Beleganalysen zeigen, daß die chelatometrische Bestimmung von Eisen, Aluminium, Calcium und Magnesium auch bei wechselndem Molverhältnis der einzelnen Bestandteile, innerhalb bestimmter Grenzen der Zusammensetzung, nach den einzelnen Methoden gut reproduzierbare Werte liefert.

Aus den Ergebnissen ist folgendes zu entnehmen:

1. Für die Titration der dreiwertigen Metalle ist die absolute Menge und das Verhältnis von Aluminium und Eisen wesentlich.

2. Eisen läßt sich bei p_H 2 neben Aluminium, Calcium und Magnesium gut titrieren. Calcium und Magnesium stören in den angegebenen Konzentrationen nicht.

3. Aluminium läßt sich anschließend in einem p_H-Bereich von 3,0 bis 5,0 bestimmen. Größere Fremdionenkonzentrationen wirken bei niederem p_H auflockernd auf das Aluminium-ÄDTA-Chelat, bei höherem p_H-Wert greifen größere Mengen Calciumionen bereits in das Titrationsgleichgewicht ein. Dies bewirkt, daß Überbefunde bzw. Unterbefunde an Aluminium festgestellt werden, wenn extreme Verhältnisse vorliegen.

4. Calcium kann durch Rücktitration in Anwesenheit kleiner Konzentrationen Aluminium und Eisen bestimmt werden. Das Calcium/Magnesium-Verhältnis ist dabei ohne Einfluß.

5. Die Summentitration von Calcium und Magnesium kann direkt durchgeführt werden. Kleinere Mengen Aluminium und Eisen stören die Bestimmung nicht.

6. Der Farbwechsel ist bei allen verwendeten Metall- bzw. Redoxindikatoren deutlich sichtbar. Durch einen besonders brillanten Farbumschlag zeichnen sich das Xylenolorange und BINDSCHEDLERs Grün als Indikatoren für die Eisen- bzw. Aluminiumtitration und Eriochromschwarz T für die Summentitration von Calcium und Magnesium aus.

5. Anwendung auf natürliche Karbonatspäte

Bestimmungen an Kalksteinen und Dolomiten nach den angegebenen Vorschriften bestätigen das Ergebnis der beschriebenen Versuche, daß nämlich die Genauigkeit der Aluminiumtitration von dem vorliegenden Verhältnis der Fremdionenkonzentration abhängt. Die Eisenbestimmung sowie die Calcium- und die Summentitration von Calcium und Magnesium ergaben gute, vergleichbare Werte. Kontrollanalysen wurden nach klassischen Verfahren durchgeführt.

Um Aluminium, Eisen, Calcium und Magnesium in Karbonatspäten zu bestimmen, wird die Kieselsäure in der üblichen Weise abgeschieden und bestimmt. Vom Filtrat der Kieselsäureabscheidung werden drei aliquote Teile, die je 0,2 g Einwaage entsprechen, abpipettiert und für die Eisen- und Aluminiumtitration, für die Calciumtitration und für die Summentitration von Calcium und Magnesium verwendet.

Die in der Tabelle aufgeführten Analysenergebnisse für Aluminium und Eisen wurden nach den Titrationen 2.21 und 2.24 durchgeführt. Diesen Methoden wurde der Vorzug gegeben, weil die Endpunkte zum Teil schärfer erkennbar sind als nach den Methoden 2.22 und 2.23. Das Calcium und die Summe von Calcium und Magnesium wurden nach den Methoden 3.21 bzw. 3.22 titriert.

Tabelle 7

	a	b	Δ%	a	b	Δ%	a	b	Δ%
Al_2O_3	2,1	2,3	±0,2	0,5	0,6	±0,1	1,7	1,7	±0
Fe_2O_3	1,0	1,0	±0	1,4	1,4	±0	0,8	0,9	±0,1
CaO	48,6	48,8	±0,2	52,2	52,6	±0,4	48,3	48,1	±0,2
MgO	1,1	0,8	±0,3	1,2	1,2	±0	2,8	2,6	±0,2

Mit a sind die nach den Methoden 2.21/3.21/3.22 und mit b die nach klassischen Methoden untersuchten Proben bezeichnet.

Tabelle 8

	a	b	Δ%	a	b	Δ%	a	b	Δ%
Al_2O_3	1,3	1,5	±0,2	2,1	1,9	±0,2	2,3	2,4	±0,1
Fe_2O_3	10,4	10,4	±0	5,3	5,3	±0	0.7	0,6	±0,1
CaO	37,4	37,1	±0,3	43,2	43,4	±0,2	41,9	41,6	±0,3
MgO	0,8	0,7	±0,1	2,2	2,3	±0,1	2,0	2,2	±0,2

In den mit a bezeichneten Spalten sind die Analysen nach den Methoden 2.24/3.21/3.22 eingetragen.

Die Einzelfehler liegen alle innerhalb der bei Serienanalysen mineralischer Rohstoffe für die mittlere Abweichung geforderten Grenzen (GRASSMANN 1959), wenn auch in einigen Fällen der relative Fehler, bezogen auf die Normalanalyse, die Fehlerbreite voll beansprucht.

6. Zeitbedarf

Die Bestandteile Aluminium, Eisen, Calcium und Magnesium in Kalksteinen und Dolomiten lassen sich ohne Abtrennung der dreiwertigen Metalle von den zweiwertigen in erheblich kürzerer Zeit bestimmen, als es bisher ohne eine so weitgehende Anwendung der chelatometrischen Arbeitsweise der Fall war. Der Zeitbedarf beträgt für die Bestimmung dieser vier Bestandteile in sechs Proben etwa einen Tag. Das Verfahren eignet sich deshalb besonders für Serienanalysen.

Zusammenfassung

Es wird ein Bestimmungsverfahren für Aluminium, Eisen, Calcium und Magnesium in Karbonatspäten beschrieben. Die Bestandteile werden chelatometrisch bestimmt.

Das Eisen wird bei p_H 2,0 mit 0,1 m ÄDTA-Lösung direkt titriert und anschließend das Aluminium indirekt bei höherem p_H-Wert durch Rücktitration eines gemessenen ÄDTA-Überschusses. Das Calcium und das Magnesium werden aus der Ausgangslösung bestimmt. Dabei ist es jedoch nötig, das Aluminium und das Eisen durch Komplexbildung zu maskieren.

Резюме

Описывается метод определения алюминия, железа, кальция и магнезия в карбонатных шпатах. Составные части определяются шелатометрическим методом.

Железо титрируют непосредственно 0,1 м раствором ЭДТА при p_H 2,0, затем при более высоком p_H обратной титрацией измеренного остатка раствора ЭДТА определяют алюминий. Кальций и магнезий определяют с исходного раствора. При этом необходимо замаскировать алюминий и железо путём образования комплексов.

Summary

A method is described for the determination of aluminium, iron, calcium and magnesium in dolomites and limestones. The constituents are chelatometrically determined.

Iron is directly titrated with EDTA solution at p_H 2.0, followed by an indirect titration of aluminium at a higher p_H value by means of back titration of a measured EDTA excess. Calcium and magnesium are determined from the initial solution. It requires, however, to mask aluminium and iron by complexing.

Literatur

ERDEY, L. & A. BODOR: Ein neuer Redoxindikator: das 4-Amino-4'-methoxydiphenylamin (Variaminblau). — Z. anal. Chem., **137**, 410 (1953).

FLASCHKA, H. & H. ABDINE: Zur komplexometrischen Titration von Aluminium und Eisen und der Summe beider. – Z. anal. Chem., **152**, 77 (1956),

FRIESE, G.: Trennung des Calciums von Magnesium durch einmalige Fällung nach der Oxalatmethode. – Unveröffentlicht (1954).

GRASSMANN, H.: Die chemische Analyse im Dienste der Lagerstättenbemusterung der Staatlichen Geologischen Kommission. – Z. angew. Geol., **5**, 108 (1959).

HOUDA, M., J. KÖRBL, V. BRAŽANT & R. PŘIBIL: Complexometric Titrations (Chelatometry), XXXV. Indirect determination of aluminium using Xylenolorange. – Chem. Listy, **51**, 2259 (1957).

SCHWARZENBACH, G.: Die komplexometrische Titration. – F. Enke, Stuttgart 1956.

SCHWARZENBACH, G. & W. BIEDERMANN: Komplexone X. Erdalkalikomplexe von 0,0'-Dioxyazofarbstoffen. – Helv. chim. Acta, **31**, 678 (1948).

SCHWARZENBACH, G. & H. GYSLING: Metallindikatoren I. Murexid als Indikator auf Calcium und andere Metallionen. Komplexbildung und Lichtabsorption. – Helv. chim. Acta, **32**, 1314 (1949).

SCHWARZENBACH, G. & A. WILLI: Metallindikatoren III. Die Komplexbildung der Brenzkatechindisulfosäure (= Tiron) mit dem Eisen(III)ion. – Helv. chim. Acta, **34**, 528 (1951).

THEIS, M.: Die komplexometrische Bestimmung des Magnesiums, Calciums und Bariums mit Chromazurol S als Indikator sowie die Anwendung auf die Analyse des Magnesits und die Bestimmung der Wasserhärte. – Radex Rdsch., 333 (1953).

WEHBER, P.: Chelatometrie XVI. Die komplexometrische Nebeneinanderbestimmung von Eisen(III)- und Aluminiumionen. – Z. anal. Chem., **158**, 321 (1957).

WOHLMANN, E.: Beitrag zur Kalk-, Dolomit- und Silikatanalyse. – Geologie, **3**, 933 (1954).

Erkundungsarbeiten auf Kupferschiefer

Erfahrungsaustausch mit Geologen der Volksrepublik Polen[1)]

KURT DETTE, Berlin

1. Vorbemerkungen

Zwischen den geologischen Dienststellen der Deutschen Demokratischen Republik und der Volksrepublik Polen wurde ein Erfahrungsaustausch über Organisation und Planung geologischer Erkundungsarbeiten auf Kupferschieferlagerstätten vereinbart. Zur Verwirklichung dieses Beschlusses im Rahmen der technisch-wissenschaftlichen Zusammenarbeit waren vom 9.–20. 9. 1959 fünf Geologen aus der Deutschen Demokratischen Republik in der Volksrepublik Polen. Die Delegation bestand aus zwei Vertretern der VVB NE-Metallindustrie und drei Angehörigen des Zentralen Geologischen Dienstes. Sie wurde während ihres Aufenthaltes vom Geologischen Institut Wrocław, der Außenstelle des Zentralen Geologischen Institutes Warszawa, betreut. Fünf Tage Exkursionen sowie Schacht- und Grubenbefahrungen an drei Tagen gaben Gelegenheit zu intensiver Diskussion mit den polnischen Kollegen. Außerdem wurde der Delegation Einsicht in eingehende Dokumentationen ermöglicht. Auch an dieser Stelle möchte nochmals Herrn SZCZEPANSKI, Direktor des Dokumentationsbüros im Zentralamt für Geologie, für die Vorbereitung und Unterstützung während des Aufenthaltes der deutschen Delegation sowie allen beteiligten polnischen Kollegen für ihre Hinweise in den Diskussionen gedankt werden.

2. Faziesentwicklung im Niederschlesischen Zechstein

Dr. GUNIA (Universität Wrocław) hat sich in Fortführung vorliegender Arbeiten (Kartendarstellungen bei EISENTRAUTH 1939 und F. KÖLBEL 1958) eingehend mit der faziellen Entwicklung des Zechsteins in Niederschlesien, vornehmlich in der Haaseler Mulde, beschäftigt. Der südöstliche Innenrand der Nordsudetischen Mulde ist in zwei Teilmulden aufgegliedert, in die Gröditzer Mulde im Norden und die weiter nach SE greifende Haaseler Mulde im Süden.

Ihre tektonische Beanspruchung ist unterschiedlich; sie ist in der Gröditzer Mulde stärker als in der Haaseler Mulde. In der letzteren sitzen auf den tektonischen Linien die Basaltergüsse, die sowohl in erzgebirgischer als auch in herzynischer Richtung angeordnet sind. Zum Nordrand der Gröditzer Mulde nehmen die Zahl der Verwerfungen und ihre Sprunghöhe zu. Die größte Dislokation ist der Hermsdorfer Sprung, der als Störungszone mit nach Norden gerichtetem Überschiebungscharakter die Gröditzer von der Haaseler Mulde trennt. Die Haaseler Mulde ist ungleichmäßig gebaut. Im Norden findet sie am Hermsdorfer Sprung ihren tektonischen Abschluß, ihr Südrand dagegen verläuft als stratigraphische Grenze am Ausstrich des Zechsteins gegen das Rotliegende. Die während der Zechsteinzeit entstandenen verschiedenartigen Gesteine sind in unterschiedlichen Faziesbereichen sedimentiert worden und sind damit bei ihrer engräumigen Verbreitung zugleich ein Abbild der wechselnden paläogeographischen Verhältnisse.

Niederschlesien lag zu Beginn des Oberen Perms im Küstenbereich des Zechsteinmeeres, deshalb unterlagen die damals entstandenen Sedimente kontinentalen und marinen Einflüssen.

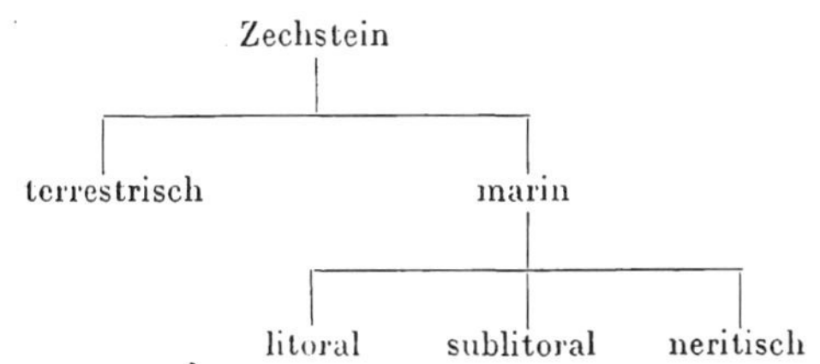

Die in der Innersudetischen Mulde ausschließlich vorliegende terrestrische Entwicklung bewahrt westlich der Haaseler Mulde im Lähner Graben ihren kontinentalen Charakter bis in den Mittleren Zechstein und gelangt erst gegen Ende des zm durch gelegentliche Überflutungen (Kalksteinlinsen) allmählich in den marinen Einflußbereich. Die lithologische Entwicklung des Unteren Zechsteins speziell in der Haaseler und Gröditzer Mulde zeigt die folgende Übersicht:

Fazies	Gestein	Ort	Vererzung
Neritisch	Mergel, Kalksteine	vorwiegend Gröditzer Mulde, Kern und NW-Teil der Haaseler Mulde	vorhanden
Sublitoral	Kalkstein, Sandsteinschiefer	Ostteil der Haaseler Mulde	fehlt
Litoral	Konglomerat, Sandsteine	Süd- u. SW-Teil der Haaseler Mulde	fehlt

In der Haaseler Mulde herrscht im wesentlichen der Kalkstein vor. Im Übergang zur Gröditzer Mulde treten die Kalke zurück. Der Anteil der Mergel im Profil nimmt zu, und im Kern der Gröditzer Mulde sind den Mergeln nur noch untergeordnet schwache Kalkbänke zwischengeschaltet.

Die sublitorale Fazies im Ostteil der Haaseler Mulde ist durch Übergänge mit der in ihrem Südwestteil ausgebildeten litoralen Fazies verbunden. Die Kalke gehen über feinkörnige Kalksandsteine im Süden der Haaseler Mulde in Sandsteine über. Ferner sprechen kalkige Linsen mit Fauna (*Pseudomonotis speluncaria*) dafür, daß die oberen Teile des Grenzkonglomerates schon dem Mittleren Zechstein zuzuordnen sind.

Auch weiter westlich, im Ostteil der Löwenberger Mulde, ist im Kalkbruch Mojesz (Mois) der Wechsel von

[1)] Bericht des Verf. in der Arbeitsbesprechung des Wissenschaftl.-Techn. Kabinetts des Zentralen Geologischen Dienstes am 10. 5. 1960

litoraler und sublitoraler Fazies aufgeschlossen. Auf engem Raum wechseln Kalksteine und Sandsteine miteinander ab. Mehr oder minder aushaltende Kalkbänkchen schalten sich den Sandsteinbänken ein, und ebenso liegen Sandsteinlinsen in den Kalken. In der Südostecke der Haaseler Mulde zeigt ein Aufschluß ca. 1 km südlich Haasel folgendes Zechsteinprofil:

8—10 m	Kalksandstein Rote, sandige Schiefertone Sandstein	vermutlich alles zo
	Erosionsdiskordanz	
5— 6 m	Kalkstein	zm und zu in sublitoraler Fazies

Im Oberen Zechstein sind Faziesbereiche weit weniger ausgeprägt:

zo_3 Obere Letten
zo_2 Plattendolomit im Süden und
Letten mit Septarien und Gips im NW
zo_1 Dolomitischer Kalkstein (Katzbachdolomit = 0,5—3,0 m)

Das Zechsteinmeer hatte zur Zeit des Plattendolomits in Niederschlesien seine weiteste Verbreitung nach Süden. Die Oberen Letten überdecken gleichmäßig alle Faziesdifferenzierungen der vorangehenden Zechsteinglieder.

Eine Übersicht über die Ausbildung des Zechsteins in der Haaseler und Gröditzer Mulde zeigt die folgende Tabelle:

Formation	Gestein	Durchschnittsmächtigkeit in m
Buntsandstein	Sandstein, rot z. T. tonig	3—75
Oberer Zechstein	Letten, braun, mit Kalkstein- u. Sandsteinzwischenlagerungen	15
	Sandstein, mit tonigen Einschaltungen	20
	Ton, grau	4
Mittlerer Zechstein	Kalkstein, mit tonigen Zwischenlagen	5
Unterer Zechstein	Bleimergel	3
	Kupfermergel	2,6
	Fleckenmergel	3
	Basalkalk	2,5
	Grenzkonglomerat	5
Rotliegendes	Konglomerat, rot und weiß Geröllsandstein	ca. 150

3. Metallkonzentrationen im Unteren Zechstein Niederschlesiens

Vererzungen sind aus dem Unteren Zechstein Niederschlesiens in zwei Gebieten unterschiedlicher Fazies bekannt geworden, aus der Nordsudetischen Mulde (Kupfermergelfazies) und aus der Subsudetischen Außenzone (weitgehend Kupferschieferfazies). In der Haaseler und Gröditzer Mulde geht der Bergbau auf Kupfermergelerze um. Von den am Nordrand der Gröditzer Mulde stehenden Schachtanlagen sind vier Betriebsabteilungen jeweils zu einem Kombinat („Konrad" bzw. Liebichau) zusammengefaßt. Am Südrand der Haaseler Mulde fördern zwei Schachtanlagen (Neukirch und Lena).

Als Träger der Vererzung kommen in der Gröditzer Mulde die dort vorherrschend entwickelten Mergel in Betracht, in der Haaseler Mulde sind die Mergel und die ihnen zwischengeschalteten Kalksteinbänke die Erzträger, wobei sich die Hauptmenge der Vererzung im Mergel findet. Die Mächtigkeit der Mergelbänke schwankt zwischen 8—50 cm, die der Kalksteinbänke zwischen 6—35 cm.

Die Höhe der vererzten Zone ist mit Mächtigkeiten in der Gröditzer Mulde von 1—1,5 m und in der Haaseler Mulde von 1,90—2,15 m ziemlich konstant.

Der Kupfermergel reicht stratigraphisch bis zur achten Mergellage. Die Hauptvererzung liegt jedoch normalerweise zwischen der vierten und dreizehnten Mergellage. Im Schacht Neukirch umfaßt das vererzte Profil sechs Kalksteinbänke und sieben Mergelbänke mit ziemlich konstanten Mächtigkeiten. Die stärkste Kalkbank liegt im Hangenden mit 32 cm Mächtigkeit, die stärkste Mergelbank beträgt 55 cm gegen eine Durchschnittsmächtigkeit von 7 cm.

Buntmetallanreicherungen können über dem Basalkalk bereits im Fleckenmergel einsetzen. Sie gehen durch den Kupfermergel bis in den Bleimergel hinauf. Als primäres Kupfererzmineral tritt fast ausschließlich Bornit auf. Die Lage der bauwürdigen Erzanreicherung steht in auffälliger Abhängigkeit von der nicht immer ausgebildeten Rotfleckung des Fleckenmergels, deren Schwankungen sie sich anpaßt. Sie setzt stets an der Oberkante der Rotfleckung ein (s. Abb.), hält sich in der Mächtigkeit der kupfererzführenden Schichten (mit 1,95 bis 2,20 m auf „Konrad II") ziemlich konstant und reicht somit bei stärkerer Entwicklung der Rotfleckung bis in den Bleimergel hinauf. Ist die Rotfleckung auf die unteren Teile des Fleckenmergels beschränkt, so konzentriert sich die Kupfererzführung auf den eigentlichen Kupfermergel.

Nach EKIERT (mündliche Mitteilung) läßt sich die Herkunft des Kupfers nur schwer aus den hydrothermalen varistischen Lagerstätten ableiten. Auch die geringen primären Kupfergehalte der Diabase, Porphyre und Porphyrite können nicht ohne weiteres die im Kupfermergel bzw. Kupferschiefer konzentrierten Kupfermengen erklären. Deshalb vertritt EKIERT die Meinung, daß an großen und tiefreichenden Dislokationen an den alten varistischen Sockeln hydrothermale Lösungen aufgestiegen sind, die ihre Metallgehalte in das Zechsteinmeer brachten. Darum sollen sich die größeren Kupferanreicherungen am Harz und im Bereich der Sudeten am Ausstrich des Flözes gegen das Paläozoikum finden. Randferne Teile der Kupferlagerstätten führen nach EKIERT nur wenig Kupfer.

Die durchschnittlichen Metallgehalte liegen in der Haaseler Mulde mit 0,4—0,8% Cu niedriger als in der Gröditzer Mulde, an deren NW-Rand sie auf 1,1% Cu steigen. Der Silbergehalt liegt bei 25 g/t in der Haaseler bzw. 30 g/t in der Gröditzer Mulde. Die in den Untersuchungsbohrungen des subsudetischen Vorlandes angetroffenen Vererzungen sind von F. KÖLBEL 1958 (nach WYZYKOWSKI) veröffentlicht worden. Aus diesem Gebiet konnten zwei Bohrkernfolgen besichtigt werden. Bohrung Sieroszowice (Kunzendorf) befindet sich im südlichen Teil des subsudetischen Vorlandes, Bohrung Buczyna liegt ca. 25 km nordnordöstlich davon. Auch hier ist der Zechstein zyklisch zu gliedern, wobei die unteren drei Zyklen deutlich ausgebildet sind; der vierte Zyklus ist primär bereits rudimentär entwickelt. Werra- und Hauptanhydrit zeigen im Vergleich zu den Profilen aus Mitteldeutschland weitgehende Ähnlichkeiten in den Texturmerkmalen. In beiden Bohrungen

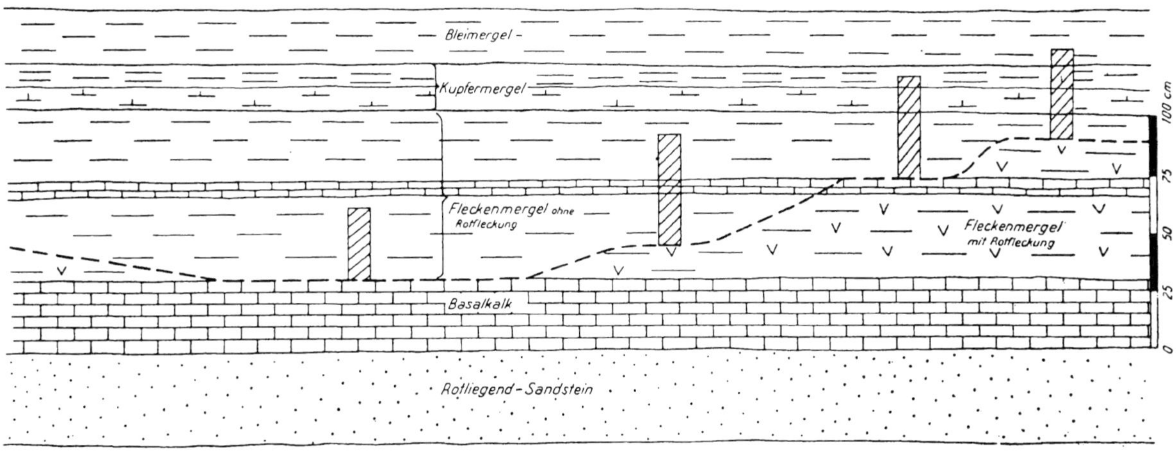

Lage der bilanzwürdigen Vererzung in Abhängigkeit von der Rotfleckung des Fleckenmergels (Schematische Skizze nach Profilen der Geologischen Abteilung des Kombinats „Konrad")
Die Säulen geben die bilanzwürdige Vererzung an.

ließ sich der Hauptanhydrit, ebenso wie es am Ost- und Südharzrand getan werden konnte (JUNG 1958, v. HOYNINGEN 1957), feinstratigraphisch in sechs Zonen gliedern. In der südlichen Bohrung werden die unteren Meter des Werra-Anhydrits durch Dolomit vertreten. — Das Erzlager ähnelt in seinen basalen 40 cm außerordentlich dem mitteldeutschen Kupferschiefer. (Neben Bornitlinsen war reichlich Kupferglanzfeinspeise zu erkennen.)

4. Organisation der geologischen Untersuchungsarbeiten

Die Lagerstättenuntersuchung verläuft in zwei Stadien. Das Zentralamt für Geologie führt über das Zentrale Institut für Geologie mit seinen Außenstellen die Vorerkundung durch. Sämtliche Untersuchungsarbeiten laufen nach Projekten, die von der Zentralen Vorratskommission bestätigt sein müssen. Unter eingehender Bearbeitung der aus den Bohrungen anfallenden Aufschlüsse werden Vorräte normalerweise bis zur Kategorie C_2 nachgewiesen. Bei Untersuchungsarbeiten, die erstmalig in der Volksrepublik Polen durchgeführt wurden, wie der Kali-Erkundung und der Untersuchung von Schwefellagerstätten, sind auch höhere Kategorien mit ausgewiesen worden. Weitere Arbeiten zur Überführung der Vorräte aus C_2 in höhere Kategorien unterstehen dem Ministerium für Schwerindustrie. Für weniger bedeutungsvolle Lagerstätten (z. B. Baustoffe) werden die gesamten Erkundungsarbeiten von den Betrieben vorgenommen. Die Übergabe der vom Zentralamt erkundeten C_2-Vorräte an die Schwerindustrie erfolgt grundsätzlich über die Vorratskommission. Jede Dokumentation von C_2-Vorräten enthält ausführliche Hinweise über die Perspektive weiterer Arbeiten, wobei dem Ministerium für Schwerindustrie bereits Vorschläge über Ansatz und Umfang von Nachfolge-Untersuchungsarbeiten vorgelegt werden.

5. Technische Durchführung geologischer Untersuchungsbohrungen

Die Niederbringung der Untersuchungsbohrungen wird mit einem der sieben in der Volksrepublik Polen bestehenden Bohrbetriebe auf vertraglicher Basis vereinbart. Diese Betriebe haben auch eine geologische Abteilung. Bei Bohrungen, deren Durchführung besonders verantwortungsvoll ist, werden die Bohranlagen von einem Diplom-Bohringenieur und einem Fachschul-Ingenieur geleitet.

Bei der Niederbringung werden alle Bohrungen, die mit für C_2-Vorräte ausgewertet werden, durchlaufend gekernt. In Verdichtungsbohrungen zur Untersuchung des Kupfermergelhorizontes werden Buntsandstein und Zechstein gleichfalls durchlaufend gekernt. Sämtliches Kernmaterial wird zunächst vollständig aufbewahrt. In geologischen Erkundungsbohrungen beträgt der Kerndurchmesser im Kupfermergel- (bzw. Kupferschiefer-) flöz 110 mm.

6. Methodische Durchführung der geologischen Sucharbeiten in der Subsudetischen Außenzone

Zur Vorbereitung der geologischen Sucharbeiten sind geophysikalische Vermessungen durchgeführt worden. Reflexionsseismische Profile wurden im Abstand von 6 bis 12 km gelegt. Dazwischen wurden elektrische Widerstandsmessungen auf Profilen von 3 bis 6 km Abstand vorgenommen.

Nach Pionierbohrungen, die auf zwei seismischen Profilen im Abstand von 20 km angesetzt worden waren, sind die Bohrlochabstände bis auf 3 km verdichtet und durch weitere Bohrungen auf 1,5 km, 750 m bis 350 m verringert worden. Innerhalb eines 3 × 3-km-Quadrates sind die Vorräte jeweils für den o. a. Bohrlochabstand berechnet worden. Ergeben sich nun für die Vorräte, die auf Grund der im Abstand von 350 bis 750 m stehenden Bohrungen berechnet sind, keine großen Differenzen zu den Vorräten, die mit Bohrlochabständen von 1,5 bzw. 3 km berechnet worden sind, so können auf Vorschlag und Empfehlung sowjetischer Fachkollegen im anschließenden Quadrat unter Voraussetzung annähernder Übereinstimmung bereits mit 1,5 km Bohrlochabstand C_1-Vorräte dokumentiert werden.

In Anpassung an die tektonische Beanspruchung der einzelnen Gebiete wird folgender Bohrlochabstand gefordert:

	C_2-Vorräte	C_1-Vorräte
Haaseler Mulde	1 km	500 m
Gröditzer Mulde	500 m	350 m im Streichen 250 m im Fallen
Subsudetische Außenzone	3 km	1,5 km

7. Bemusterung und Probenahme

Aus Bohrungen wird der Kupferschiefer- bzw. Kupfermergelflözkern (110 mm ∅) zur weiteren Untersuchung in vier Teile aufgeschnitten, die jeweils für chemische, mineralogisch-petrographisch-physikalische und technologische Untersuchungen verwendet werden sowie im restlichen Viertel zur Dokumentation dienen. Der Bohrkern wird nach Lagen (2 bis maximal 9 cm) aufgeteilt. Nach dieser Lagentrennung werden auch die chemischen, petrographischen und physikalischen Untersuchungen durchgeführt. Sämtliche Lagenproben werden zunächst spektrographisch untersucht. Gehalte über 0,3% Cu, 0,5% Pb sowie 0,5% Zn werden elektrolytisch weiterbestimmt.

Bei Aus- und Vorrichtungsarbeiten und beim Abbau werden Schlitz- und Kontrollproben genommen. Die Schlitzprobe wird lagenweise entnommen, wobei die Lagentrennung infolge der günstigen lithologischen Voraussetzungen recht genau durchgeführt werden kann. Jede einzelne Probe umfaßt durchschnittlich 30 g Material.

Eine Augenbemusterung ist nur ganz oberflächlich möglich, jedoch sind einige allgemeine Beziehungen gefunden worden, die sich immer wieder bestätigen. So ist z. B. beim Auftreten von Kupferkies in der Tresse das gesamte Flöz erzarm und unbauwürdig. Ferner erweist sich das Flöz als unbauwürdig, wenn sich nicht spätestens ein halbes Jahr nach einer Streckenauffahrung Malachitanflug im Streb einstellt.

Auf Grund der Ergebnisse der Schlitzproben ist die Methode für Kontrollproben ausgearbeitet. Jeweils 20 cm der Vererzungsstrecke werden hierbei zusammengefaßt. Sowohl bei den Schlitzproben als auch bei den Kontrollproben erfolgt die Probenahme vom Liegenden zum Hangenden, um eine eventuelle Beeinträchtigung der Metallgehalte durch herabfallenden Staub aus überlagernden Erzpartien zu verhindern.

Übersicht zur Probenahme

Art	Abstand bzw. Gültigkeit	Lagenmächtigkeit in cm	Zahl der Einzelproben ca.
Lagenprobe (Bohrkernprobe)	–	2–9	30
Schlitzprobe (Hauptlagenprobe)	20 m	3–5	40
Kontrollprobe (Streblagenprobe)	200 m²	20	10
Probengültigkeit für EVB	400 m²	–	–

8. Hydrogeologische Verhältnisse

Die Schächte der Haaseler und Gröditzer Mulde fördern aus Gebieten, in denen die schützende Salzdecke fehlt. In der Gröditzer Mulde stehen die Zechsteinschichten stellenweise in direkter hydrologischer Verbindung mit den bis 70 m mächtigen pleistozänen Sedimenten, deren untere 20 m wassergefüllt sind[2]). Darum muß den Aus- und Vorrichtungsarbeiten eine Entwässerung des Deckgebirges vorausgehen. Der Wasseranfall aus den Entwässerungsbohrungen ist jetzt bereits stark zurückgegangen, er beläuft sich für das Gröditzer Revier auf 13 m³/Tag, wobei auf den Bereich der „Einfallenden Gröditz" 2,2 m³/Tag entfallen.

Ab 1960 ist nur noch eine Pumpanlage mit 35 m³ Förderleistung auf Schacht „Konrad I" für die gesamte Wasserhaltung in Betrieb.

An schwierigen geologischen Stellen (Verwerfungen) wird die Wasserführung des Gebirges durch Vorbohrungen erkundet. Die Ausrichtungsstrecke auf der 180-m-Sohle stand teilweise im Basalkalk vor einer von den anderen Sohlen her bekannten Störungszone. Durch eine parallel zur Strecke gerichtete Vorbohrung ist festgestellt worden, daß der untere Teil des Basalkalkes neben dem oberen Teil des Gervillienmergels liegt und daß der Basalkalk an der wasserführenden Kluft weitgehend ausgelaugt ist. Die Streckenführung wurde daraufhin so geändert, daß die Verwerfung im Rotliegenden überschritten werden konnte.

[2]) Der wichtigste Wasserträger ist der Mittlere Zechstein. Das Rotliegende leitet außerdem vom Ausstrich her Sickerwässer in den Kern der Haaseler Mulde.

9. Weitere Themen im Erfahrungsaustausch

Über die vorstehend erörterten Punkte hinaus wurden noch zahlreiche weitere spezielle Probleme diskutiert, die besonders im Vergleich mit den Erfahrungen aus unserem mitteldeutschen Kupferschieferbergbau wesentliches Interesse verdienen. Die Thematik der behandelten Fragenkomplexe soll der Vollständigkeit halber kurz angedeutet werden:

Forderungen für die Unterlagen zur Projektierung von Schachtanlagen;
Schachtanlagen der Haaseler und Gröditzer Mulde, ihre Laboratorien und die Aufbereitungsanlage;
geologische Arbeiten des Kombinates „Konrad";
Normen für Probenehmer;
Auffahrungsfaktor;
Planung der industriellen Arbeiten;
Abbaumethoden, Abbauleistungen und Förderziffern;
Grundlagen der betrieblichen Erzvorratsberechnung;
geologischer Schwellengehalt und industrieller Minimalgehalt,
Gesamtverluste (geologische Verluste — reine Abbauverluste, wirtschaftliche Verluste);
Verdünnungsfaktor;
Konditionen.

10. Auswertung des Erfahrungsaustausches für die Untersuchungsarbeiten des Zentralen Geologischen Dienstes

In Auswertung der in der Volksrepublik Polen gemachten Beobachtungen und der von den polnischen Kollegen erhaltenen Hinweise ergeben sich einige neue Gesichtspunkte für Vorbereitung und Durchführung der geologischen Sucharbeiten des Zentralen Geologischen Dienstes. Den polnischen Kupfervorkommen räumlich benachbart liegen die Untersuchungsgebiete in Südbrandenburg und in der Niederlausitz. Besonders im Raum Südbrandenburg liegt der Untere Zechstein in randnaher Fazies vor. Die Entwicklung des Unteren Zechsteins im Raum Spremberg—Weißwasser läßt sich nicht unmittelbar mit der Ausbildung entsprechender Schichten in der Nordsudetischen Mulde vergleichen. Unterschiede bestehen in lithologisch-fazieller Hinsicht, in der Mächtigkeit des Erzhorizonts sowie in der Mineralisation des Erzträgers.

In Bohrung Spremberg 23 wurde unter einer kräftigen Rotfärbung des Zechsteindolomits noch Blei- und Zink-Vererzung angetroffen. Dieses Heruntergehen der Vererzung des Flözes unter seine Rotfärbung ist in der Haaseler Mulde gleichfalls beobachtet worden. Von der Struktur Mulkwitz scheinen engere Beziehungen zu Kupferlagerstätten nördlich vom subsudetischen Horst zu bestehen. Deshalb kommt auch der Bohrung Pusack als der am weitesten nach NE hinausgeschobenen Bohrung erhebliche Bedeutung zu.

Die Einsichtnahme in die Dokumentation hat mancherlei Anregungen für die Ausgestaltung unserer Dokumentationen gegeben.

Zusammenfassung

Ein Erfahrungsaustausch mit polnischen Geologen über Organisation, Planung und Durchführung der geologischen Untersuchungsarbeiten von Kupferlagerstätten gab Einblick in die Entwicklung des gesamten Zechsteins in der Nordsudetischen Mulde und im Subsudetischen Vorland. In

Übertage- und Grubenaufschlüssen sind die lithofaziellen Differenzierungen besonders des Unteren Zechsteins und seine Vererzung studiert worden. Für die Durchführung der beim Zentralen Geologischen Dienst laufenden Sucharbeiten auf Kupferschiefer und für ihre Dokumentation konnten wertvolle Hinweise erhalten werden.

Резюме

Обмен опытом с польскими геологами об организации, планировании и проведении геологических исследовательских работ на месторождениях меди дал обзор о строении всего цехштейна в Северосудетской впадине и в Субсудетском предгорье. В обнажениях на дневной поверхности и в подземных выработках изучались литолого-фациальные оттенки особенно нижнего цехштейна и его орудения. В пользу поисков на медь, проведенных под руководством Центральной Геологической Службы, и их документации получались ценные указания.

Summary

An insight into the development of the whole Zechstein in the North Sudetic trough and Subsudetic foreland was gained by an exchange of experiences relating to the organization, planning and realization of geological exploration works in copper deposits. Lithofacial differentiations, with particular reference to the Lower Zechstein and his mineralizations, have been studied in outcrops and mines. Valuable informations were obtained for the copper slate reconnaissance works and the documentation being performed now by the Central Geological Service.

Literatur

EISENTRAUTH, O.: Der niederschlesische Zechstein und seine Kupferlagerstätte. — Arch. f. Lagerstättenforschung, H. 71, Berlin 1939 (Verzeichnis älterer Literatur).

KONSTANTYNOWICZ, E.: Die Genese der Kupferlagerstätten der äußeren sudetischen Mulde. — Erze und Nichteisenmetalle Nr. 2, 1957.

KÖLBEL, F.: Zur Stratigraphie und Erzführung des Zechstein 1 (Werra-Serie) in Südbrandenburg und in der Subsudetischen Zone. — Z. angew. Geol., 4. S. 504—508, Berlin 1958.

KÜHN, B. & E. ZIMMERMANN: Erläuterungen zur geologischen Karte 1:25000, Blätter Goldberg und Schönau, 2. Auflage. — Berlin 1936.

LISIAKIEWICZ, ST.: W sprawie genezi złóz miedzi w niecce polnocno — sudeckiej. — Przeglad Geologiczny Nr. 3, S. 119—120, Warszawa 1959.

NEUHAUS, A.: Über die Erzführung des Kupfermergels der Haaseler und Gröditzer Mulde in Schlesien. — Z. angew. Mineral., S. 304—343 (1940).

RICHTER-BERNBURG, G.: Zwei Beiträge zu Fazies, Tektonik und Kupferführung des Unteren Zechsteins: I. Waldeck, II. Nordsudeten. — Geol. Jahrb. für 1949, 65, S. 145—212, Hannover 1951.

WYZYKOWSKI, J. & W. JORCZAK,: Dolnocechsztynskie Lupki Miedzionosne (Kupferführende Schiefer des Unteren Zechstein). — Przeglad Geologiczny, 5, S. 238, Warszawa 1957.

2. Arabischer Erdölkongreß in Beirut

FRIEDRICH STAMMBERGER, Berlin

In der Zeit vom 17. bis 22. Oktober fand in Beirut (Libanon) der zweite Erdölkongreß der arabischen Länder statt. Er war von der Arabischen Liga einberufen worden, die im April 1959 bereits den ersten Erdölkongreß der arabischen Länder in Kairo organisiert hatte.

In Beirut waren, neben den arabischen Ländern, Venezuela, Indien, Indonesien, Mexiko u. a. Staaten durch Delegationen vertreten. Aus dem sozialistischen Lager waren Beobachterdelegationen aus der UdSSR, der DDR, der ČSSR und Rumänien anwesend. Außerdem nahmen als Gäste Vertreter aller bedeutenden Erdölgewinnungs-, -Transport- und -Verarbeitungskonzerne teil. Mit den Vertretern der internationalen Banken, Ausrüstungsbetriebe usw. waren weit über 600 Teilnehmer erschienen.

Das Programm des Kongresses wickelte sich in zwei Arbeitsgruppen ab: Eine beschäftigte sich mit ökonomischen Fragen, die andere behandelte technische und geologische Probleme. Insgesamt wurden 59 Vorträge gehalten, davon 19 ökonomische. Das Hauptinteresse konzentrierte sich auf die ökonomischen Fragen, die fast ausnahmslos vor überfülltem Saale diskutiert wurden. Bei den technischen Vorträgen verringerte sich dagegen die Teilnehmerzahl — vor allem in den Abendstunden — bis auf 40—50.

Seit Jahren bemühen sich die arabischen Länder, ihre Ölindustrie — die größte und oft einzige Quelle ihres Reichtums — mit allen Kräften zu entwickeln, um so das Nationaleinkommen zu erhöhen und den bestehenden Lebensstandard zu heben[1]). Förderung der Rohölproduktion, Ausbau der ölverarbeitenden Industrie im Produktionsland, gerechte Preise, Erhöhung des Anteils der arabischen Länder am Gesamtprofit der Gesellschaften, Entwicklung einer eigenen nationalen Erdölindustrie mit nationalen Kadern, Besetzung führender Positionen in den Erdölgesellschaften durch arabische Fachleute — das sind einige der wichtigsten Forderungen, die in den letzten Jahren immer beharrlicher von den arabischen Ländern erhoben werden. Insbesondere wenden sie sich auch gegen die bestehenden Verträge, nach denen ihnen in der Regel nur 50% des Gewinnes vom Verkauf des Rohöles zustehen.

Hieraus ergaben sich auch zwangsläufig die Hauptthemen des Kongresses:

a) Festlegung von Produktionsquoten für alle Erdöl exportierenden Länder,
b) richtigere Festsetzung der Preise für Erdöl aus dem Mittleren Osten,
c) das Problem der „Heiligkeit der Verträge".

Nicht beiläufig, sondern vorsätzlich wurde von den Erdölkonzernen und ihren Fürsprechern noch die UdSSR angegriffen wegen der Ausweitung ihres Erdölexportes und ihr Eindringen vor allem in den italienischen und indischen Markt. Diese Angriffe wurden in einer Erklärung des Direktors von Sojusneftexport, J. GUROW, souverän zurückgewiesen.

Vorschlag für eine internationale Quotenfestlegung

M. J. SLADIC (Saudi-Arabien) entwickelte einen Vorschlag, der bei den Vertretern der Erdölkonzerne auf wenig Gegenliebe stieß. Er begründete seinen Vorschlag damit, daß er — international gesehen — extreme Rohöl-Preisschwankungen unterbindet, den Wettbewerb des Erdöls mit anderen Energiequellen begünstigt, eine einheitlichere Entwicklung der jeweiligen Ölreserven ermöglicht und den Nutzungsgrad der Erdöllagerstätten in den verschiedenen Ländern in gewisser Hinsicht einander angleicht, damit jedoch auch die Rohstoffreichtümer eines jeden Landes vor spekulativem Raubbau schützt. Im nationalen Maßstab sieht er in einer internationalen Quotenfestlegung folgende Vorteile: Die jeweilige Lagerstättenenergie kann besser genutzt werden, eine maximale Gewinnung des vorhandenen Erdöls ist möglich (jetzt werden nur etwa 30% der vorhandenen Vorräte gefördert), anfallendes Erdgas kann genutzt werden und geht nicht mehr verloren, die Förderung selbst kann bei größerem Nutzeffekt durchgeführt werden.

[1]) Nach A. TARIKI machen die Einnahmen aus der Ölindustrie im Irak 47% (1958), in Saudi-Arabien sogar 81% des Budgets der betreffenden Länder aus.

M. J. SLADIC schlägt vor, daß der Quotenfestlegung folgende Daten zugrunde gelegt werden: der durchschnittliche Jahresexport in den letzten drei Jahren vor der Quotenvereinbarung, der Anteil der Vorräte des Landes an den Weltvorräten, der Weltbedarf. SLADIC entwickelte eine Formel zur Berechnung der Exportquote eines jeden Landes. (Unter dieser Quote kann jedes Land im Interesse einer rationellen Verausgabung seiner Bodenschätze exportieren.) Angenommen, ein Land habe seine Erdölexporte mit 600 angegeben, es besitze weiter eine Produktionsrate (Förderung zu seinen Vorräten), die unter dem Weltdurchschnitt liegt, dann errechnet sich die Exportquote des betreffenden Landes aus 600 + einem auf die Vorräte bezogenen Faktor, multipliziert mit der Differenz aus dem 3-Jahres-Durchschnittexport aller Länder und dem Weltbedarf[2]). SLADIC schlägt vor, einen gewissen Anteil (1—2%) des Weltbedarfes nicht in die Quotenverteilung einzubeziehen, um neuen Erdölproduktionsländern Möglichkeiten zur Entwicklung ihrer Förderung zu geben, bis diese Länder durch eine Quote berücksichtigt werden.

Die arabischen Erdölfachleute sind sich durchaus darüber klar, daß eine solche Quotenfestlegung einer gewissen Standardisierung der Vorratsberechnungen usw. bedarf. Doch solche Schwierigkeiten sind nach ihrer Meinung überwindbar und unbedeutend im Vergleich zum volkswirtschaftlichen Gewinn. Wie notwendig eine solche Quotenfestlegung wäre, beweist SLADIC mit einer Tabelle, in der die erkundeten Vorräte und die bestehenden Produktionsquoten (Förderung bezogen auf die Vorräte) gegenübergestellt werden:

Land	Vorräte in Milliarden Barrel	Produktion zu den Vorräten (Quote)
Bahrain	0,160	0,082
Qatar	1,650	0,035
Irak	21,800	0,0122
Iran	32,000	0,0088
Saudi-Arabien	44,000	0,0083
Kuweit	56,000	0,0082

Scheich ABDULLAH TARIKI klagt die Erdölkonzerne an

Eine fast dramatische Zuspitzung erlebte der Kongreß, als Scheich ABDULLAH TARIKI, Generaldirektor für Petroleum- und Mineral-Angelegenheiten Saudi-Arabiens ans Rednerpult trat und seinen Vortrag „Die Preisfestsetzung für Rohöl und Raffinerieprodukte" hielt[3]). Nachdem sich bereits wenige Wochen vor dem Kongreß (im September) die arabischen Erdölländer mit Iran und Venezuela zu einer Interessengemeinschaft der Erdölexportländer zusammengeschlossen hatten, um günstigere Preise und Bedingungen von den großen Erdölkonzernen zu erzwingen, erweckten die Referate TARIKIs und des amerikanischen Beraters bei der Saudi-Regierung, FRANK HENDRIX, besonderes Interesse. HENDRIX bewies als Jurist mit vielen Zitaten aus englischen und amerikanischen Gesetz- und Fachbüchern die für die arabischen Länder ebenso wie für die Erdölkonzerne äußerst bemerkenswerte These:

„Es wird festgestellt, daß jede souveräne Nation sowohl das Recht als die Verpflichtung hat — ehrlich und an die Pflichten gegenüber seinen Bürgern gebunden —, 1. seine Gesetzgebung zu verändern, 2. seine Kontrakte zu verändern und 3. seine Verträge zu verändern, wenn sich die Umstände erheblich verändert haben und aus wesentlichen Gründen diese Verordnungen und Dokumente nicht länger den wichtigsten Bedürfnissen seiner Bürger dienen, sondern sich im Gegenteil gegen diese Bedürfnisse auswirken... Keine souveräne Nation kann auf Mittel verzichten oder sich ihrer entäußern, ihre Verpflichtungen ihrem Volk gegenüber zu erfüllen, hinsichtlich dem sie lediglich in der Eigenschaft eines Vertrauensmannes handelt."

Diese These, die den arabischen Ländern das Recht zuspricht, abgeschlossene Verträge oder Vereinbarungen aufzuheben, wenn sich die Umstände geändert haben, wurde von den anwesenden Direktoren der großen Ölkonzerne scharf zurückgewiesen, von den arabischen Delegierten dagegen mit großem Beifall aufgenommen.

ABDULLAH TARIKI bewies in seinem Vortrag, der sich ausschließlich auf offizielle amerikanisch-englische Quellen stützt, daß die großen Erdölkonzerne nicht nur den arabischen Fachleuten ungenügenden Einblick in ihr Geschäftsgebaren geben, diese somit nicht kontrollieren können, ob die 50 : 50-Verteilung des Gewinnes vom Rohölverkauf einwandfrei erfolgt. Er bewies darüber hinaus, daß die arabischen Länder bei der Festsetzung des Rohölpreises seit Jahren von den Ölkonzernen benachteiligt und übervorteilt werden:

1. Die Hauptexportländer der kapitalistischen Welt sind heute Venezuela und der Mittlere Osten. (Die USA-Produktion deckt gegenwärtig nicht den eigenen Bedarf.) Ursprünglich waren die Ölpreise dieser Länder so abgestimmt, daß Rohölpreis plus Fracht bis London im wesentlichen gleich waren. Ohne irgendwelche Rechtfertigung wurden die Ölpreise seit 1948 von den Ölkonzernen für den Mittleren Osten wiederholt bedeutend gesenkt und 1949 — zu dieser Zeit wurden etwa 4 Millionen Barrel in die USA trotz des weiten Transportweges (verglichen mit Venezuela) importiert, wobei jedes Barrel mit zusätzlichen 76 Cent für den Transport belastet wurde — erfolgte eine weitere Reduzierung des Preises für Erdöl des Mittleren Ostens, um die Transportkosten wenigstens teilweise auf die Produktionsländer umzulegen. Somit wurde der Preis nicht mehr für London ausbalanciert (wohin etwa 55% des Ölexportes aus dem Mittleren Osten gehen), sondern für New York, das nur 8% des Gesamtexportes der arabischen Länder aufnimmt, wobei von einem begründeten Verhältnis der Preise für Öl aus Venezuela und dem Mittleren Osten nicht mehr gesprochen werden kann.

2. Bei der Preisfestlegung wurden von den Konzernen in der Regel hochwertigere Öle aus den arabischen Ländern mit weniger guten aus Venezuela gleichgestellt. Der Unterschied betrug in der Regel 2—3°. Jeder Grad drückt sich preismäßig in etwa 2 Cent aus, die damit den arabischen Ländern vorenthalten wurden.

3. Bei der Preisfestsetzung für Rohöl spielen die Frachtsätze eine bedeutende Rolle. Es wird in den bestehenden Verträgen von Sätzen ausgegangen, die während des Krieges gezahlt und gegenwärtig um einen bestimmten Prozentsatz reduziert wurden. Diese Ermäßigung bewegte sich in den Preisbestimmungen der Verträge zwischen 30% und 35,25%. In Wirklichkeit waren die Frachtsatzermäßigungen jedoch bedeutend größer, nämlich zwischen 30% und 60%.

4. Die Entwicklung der Tankerflotte beweist, daß in den letzten Jahren immer größere Tanker konstruiert werden. Während die Frachtsätze der Verträge auf der Grundlage von Tankern mit 12551 Tonnen berechnet worden waren, waren die meisten Tanker schon 1957

[2]) Wenn die Produktionsrate (Förderung zu den Vorräten) über dem Weltdurchschnitt liegt, erfolgt keine Erhöhung der bisherigen Exporte
[3]) Mit Erlaubnis A. TARIKIs wird diese Arbeit in einem der nächsten Hefte unserer Zeitschrift veröffentlicht werden.

größer als 24000 Tonnen. Am 1. Juli 1960 hatten die Supertanker (bis 120000 t) bereits einen Anteil von 40% der Gesamttonnage oder 26,5 Millionen Tonnen. Die Transportkosten für ein Barrel Öl betragen jedoch bei einem 65000-t-Tanker nur etwa die Hälfte von dem, was ein 18000-t-Tanker berechnet.

TARIKI bewies, daß die Erdölkonzerne[4]) allein in den letzten sieben Jahren einen zusätzlichen, nicht ausgewiesenen und nicht auf der Basis der 50 : 50-Quote mit den Produktionsländern geteilten Profit von mindestens 5,5 Milliarden Dollar vereinnahmt haben.

Wenn man außerdem berücksichtigt, daß die Erdölkonzerne allein im Jahre 1958 an der Erdölförderung im Mittleren Osten rund 1,3 Milliarden Dollar „verdient" haben (s. „Magazine of Wall Street" vom 23. 5. 1959), so werden die unglaublich hohen Profite der Konzerne erkennbar.

Wie zu erwarten, leugneten die Erdölkonzerne die Richtigkeit der TARIKIschen Berechnungen. Der 2. Arabische Erdölkongreß bewies jedoch, daß jene Zeiten endgültig vorüber sind, in denen die großen internationalen Ölgesellschaften sich unwidersprochen auf Kosten der Länder des Mittleren Ostens und der Verbraucher in beispielloser Form bereichern können. Dabei sind die arabischen Länder durchaus bereit, den ausländischen Firmen einen normalen Gewinn für ihre Tätigkeit zuzubilligen. Sie sind jedoch nicht gewillt, widerspruchslos und ohne ihr vorheriges Einverständnis jede willkürliche Preisfestsetzung, d. h. in der Regel Herabsetzung, zu sanktionieren.

Der 2. Arabische Erdölkongreß war nicht nur ein wichtiges Ereignis im Leben der arabischen Völker. Er hat nicht nur zur Stärkung der politischen und ökonomischen Selbständigkeit dieser Länder beigetragen. Er hat auch eine außerordentlich große Bedeutung für die Weltwirtschaft: Die größten Erdölexportländer der Welt (arabischer Osten und Venezuela) haben Maßnahmen beraten, wie der derzeit wichtigste Rohstoff der Wirtschaft mehr und mehr aus den Händen der großen Monopole in die Hände der Völker überzuführen ist und eine vernünftigere, nicht nur den Maximalprofitinteressen der Konzerne untergeordnete Versorgung des Weltbedarfes organisiert werden kann[5]).

[4]) Die „großen Acht" (Erdölkonzerne) fördern gegenwärtig 88% und verarbeiten 84% des gesamten Rohöles außerhalb der USA und des sozialistischen Lagers. 1958 besaßen die Ölkompanien 37% der Welttankerflotte, weitere 54% waren langfristig von ihnen gechartert.

[5]) Die Zeitschrift für angewandte Geologie wird ihren Lesern in den folgenden Heften einige wichtige Vorträge, vor allem über neue geologische Erkenntnisse, vermitteln.

Mitteilung über eine einfache Polarisationsvorrichtung für das Stereomikroskop SM XX

WILHELM SCHWARZENHOLZ, Berlin

Das gut eingeführte Stereomikroskop SM XX (Citoplast) vom VEB Carl Zeiss, Jena, ist durch die Verwendung von zwei Polarisationsfiltern (45 mm ∅) vom gleichen Betrieb und den wenigen nachfolgend beschriebenen Drehteilen in ein Polarisations-Stereomikroskop für Vergrößerungen zwischen vier- und hundertfach zu verwandeln. Dadurch wird der Anwendungsbereich des SM XX vor allem auf dem Gebiet der Petrographie erweitert, wobei besonders das große Gesichtsfeld (bei vierfacher Vergrößerung = 42 mm ∅) für Übersichtsbilder von besonderem Vorteil ist.

Die Polarisationseinrichtung (Abb. 6) besteht aus einem Polarisator (Abb. 6, 2), der in die Einlegeplatte (Abb. 6, 1) des Durchleuchtungstisches eingelassen ist, und einer Analysatoreinrichtung (Abb. 1a), die am Unterteil des Objektivstutzens befestigt wird.

Durch Anbringen von Markierungen an dem Rand des Durchleuchtungstisches und der Einlegeplatte ist es möglich, den Polarisator in bestimmten Schwingungsrichtungen zu fixieren; die Filteroberfläche muß mit der Einlegeplatte eine Ebene bilden. Die Marke der Einlegeplatte soll die Hauptschwingungsrichtung des Polarisators angeben. Der Analysator ist in einen drehbaren Ring eingebaut, dessen Drehung ablesbar ist. Zu diesem Zwecke ist der Analysatorhalter (Abb. 3.) mit einer Gradteilung versehen, die von 0° nach rechts und links bis 90° geteilt ist. Um eine übersichtliche Teilung zu erhalten, wird eine Teilung von 2° gewählt, die eine Ablesung in vollen Graden gestattet und für Übersichtsbilder eine genügende Genauigkeit ergibt.

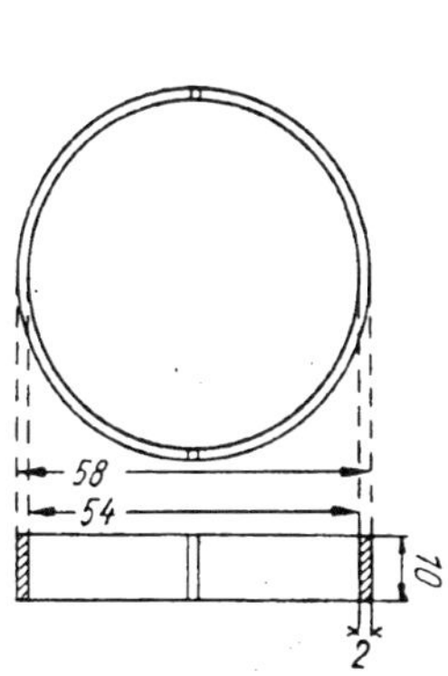

Abb. 2. Ausgleichring

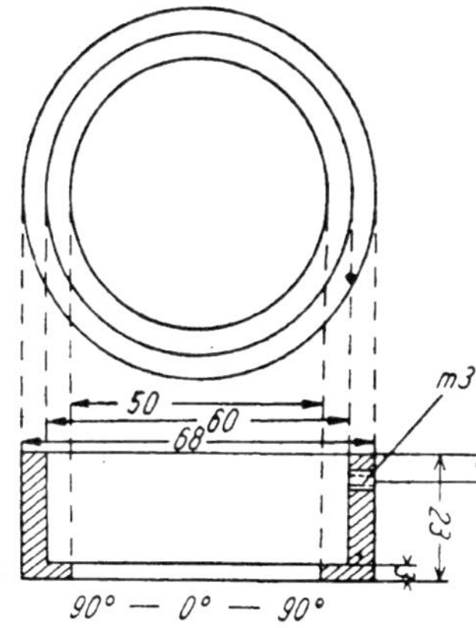

Abb. 3. Analysatorhalter mit Gradteilung

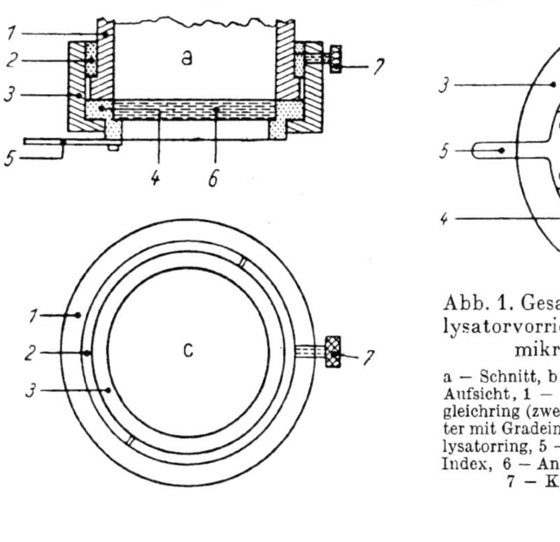

Abb. 1. Gesamtübersicht der Analysatorvorrichtung für das Stereomikroskop SM XX

a — Schnitt, b — Ansicht von unten, c — Aufsicht, 1 — Objektivstutzen, 2 — Ausgleichring (zweiteilig), 3 — Analysatorhalter mit Gradeinteilung, 4 — drehbarer Analysatorring, 5 — Analysatordrehhebel mit Index, 6 — Analysatorfilter (45 mm ∅), 7 — Kordelschraube M 3

Einige Wörterbücher der sowjetischen Geologie

JOHANNES F. GELLERT, Potsdam

Ein heute noch nicht überwundener Mangel unserer wissenschaftlichen Arbeit in Lehre, Forschung und Praxis sind die noch immer nur auf wenige Wissenschaftler beschränkten eingehenden Kenntnisse der russischen Sprache. So ist die sowjetische gegenüber der anderssprachigen ausländischen Fachliteratur noch nicht in vollem Umfang selbstverständlicher Bestandteil unseres Wissens geworden. Auch die zahlreichen Übersetzungen vermitteln nicht immer sinngemäß und richtig den Inhalt der sowjetischen Literatur, weil, abgesehen von der Qualität der Übersetzung, nicht selten der Begriffsinhalt des russischsprachigen Terminus technicus ein etwas anderer ist als im deutschsprachlichen Gebrauch. Es erwachsen hieraus zuweilen unklare, im Extremfall sogar sinnwidrige und falsche Vorstellungen, die sogar zur Ablehnung einer wissenschaftlichen Veröffentlichung führen können. Wer selbst einmal an der redaktionellen Bearbeitung von Übersetzungen sowjetischer wissenschaftlicher Veröffentlichungen mitgearbeitet hat, wird bestätigen, daß zuweilen ein erhebliches Einfühlungsvermögen notwendig ist, um das Gesagte sinngemäß in der deutschen Fachsprache wiederzugeben. Die Ursache hierfür ist nicht allein der etwas abweichende Inhalt eines Begriffes, sondern nicht selten auch die nicht ganz exakte, scharf begrenzte Begriffsbestimmung in einer von beiden oder gar in beiden Sprachen. Um diese Klärung der Begriffe bemüht sich die sowjetische Wissenschaft in zwei Richtungen, einmal in einer, für unser Empfinden manchmal zu sehr betonten formalen Klassifikation der Erscheinungen als Ausgangspunkt für entsprechende klare Definitionen, zum anderen in der Bearbeitung und Herausgabe umfangreicher Fachwörterbücher, die zunächst natürlich der gegenseitigen Verständigung innerhalb der sowjetischen Wissenschaften und deren alle Sowjetvölker verbindenden russischsprachigen Literatur dienen sollen.

Auf geologischem Gebiet hat sich in letzter Zeit das Allunionsforschungsinstitut für Geologie des Ministeriums für Geologie und Lagerstättenschutz in Leningrad als berufene Institution durch die Herausgabe eines zweibändigen geologischen Wörterbuches und eines dicken stratigraphischen Wörterbuches der UdSSR verdient gemacht. Hinsichtlich der Verständigung zwischen russischsprachigen und anderssprachigen sowjetischen Geowissenschaftlern sei hier auf ein vom Geologischen und Geographischen Institut der Akademie der Wissenschaften der Litauischen SSR in Wilna herausgegebenes Wörterbuch der geologischen und physisch-geographischen Terminologie von W. GUDELIS hingewiesen.

Geologitschesky Slowar

Bd. I: А—Л (402 S.), Bd. II: М—Я (446 S.) — Wiss.-techn. Staatsverlag für Literatur auf dem Gebiete der Geologie und des Lagerstättenschutzes, Moskau 1955

Das von einem großen Kollektiv von Mitarbeitern des WSEGEI unter Redaktionsleitung von A. N. KRISCHTOFOWITSCH und T. N. SPISHARSKIJ bearbeitete und zusammengestellte, 1955 herausgegebene Geologische Wörterbuch umfaßt auf über 800 Seiten rund 12000 Begriffe aus dem Gesamtgebiet der allgemeinen Geologie einschließlich der stratigraphischen Grundbegriffe, der Kristallographie, der Mineralogie, der Petrographie, der Geochemie, der Geothermik und der Seismologie, der Lagerstättenkunde und der Hydrogeologie sowie der Geomorphologie. Es wendet sich damit an einen sehr weiten Benutzerkreis, der auch die fremdsprachigen Geowissenschaftler umschließen mag, die eine Erklärung russischsprachiger Fachbegriffe suchen. Als Beispiel sei hier der in seiner Form der sowjetischen Geologie eigene Begriff der Neotektonik herausgegriffen (Bd. I, S. 70):

NEOTEKTONIK — Teil der Geotektonik, Lehre von den tektonischen Bewegungen, die sich im Quartär äußerten, und den Strukturen, die durch diese Bewegungen geschaffen wurden. Besonders große Bedeutung haben diese Bewegungen in der Quartärperiode durch die Bildung des heutigen Reliefs.

Der 1. Band des Geologischen Wörterbuches schließt mit einer „geochronologischen Tabelle" (Formationstabelle, S. 400—402), mit den Ären, Perioden und Epochen der Erdgeschichte bzw. den stratigraphischen Gruppen, Systemen (Formationen) und Abteilungen mit ihren auf den sowjetischen Karten üblichen lateinischen Buchstabensymbolen, mit der absoluten Zeitdauer und mit allgemeinen Charakteristiken.

Dem 2. Band ist (neben S. 404) zu dem Stichwort Quartärsystem ein Vergleichsschema der Eis- und Zwischeneiszeiten in den verschiedenen Ländern [Alpen nach PENCK, England, Deutschland, Dänemark, Polen nach SCHAFFER und LEWINSKI bzw. GALICKI, Osteuropa nach JAKOWLEW und MOSKWITIN, China, Indien (Kashmir), östliches Zentral-Afrika, östliches Südamerika und eine allgemeine Gliederung nach ZEUNER] beigegeben. Hier sei lediglich auf die von unserer Auffassung abweichende Einordnung des Warthe-Stadiums als Würm I nach der Eem-Transgression inmitten des alpinen Riß-Würm-Interglazials von A. PENCK hingewiesen, wofür die Einordnung des dem Warthe-Stadial entsprechenden Moskau-Stadials zwischen der ersten post-Dnepr-(Saale)-glazialzeitlichen „neuen nördlichen Odincowoer Transgression" und der zweiten „borealen Transgression" vor dem Kalinin-Stadium (Brandenburger und Frankfurter Stadium des Würm II dieser Tabelle) nach JAKOWLEW und MOSKWITIN maßgebend gewesen sein mag.

Stratigrafitscheskij Slowar SSSR

1284 S., 1 Übersichtskarte der UdSSR 1:15000000. — Wiss.-techn. Staatsverlag für Literatur auf dem Gebiete der Geologie und des Lagerstättenschutzes, Moskau 1956

Ein weit größeres Interesse als dieses allgemeine Geologische Wörterbuch des WSEGEI dürfte das Stratigraphische Wörterbuch der UdSSR der gleichen Institution auf sich lenken.

Mit seinem, gegenüber einem unter der Redaktion von A. A. BORISJAK 1937 herausgegebenen Wörterbuch mit über 1000 Begriffen, auf rd. 4000 stratigraphische Begriffe aus dem Gebiet der UdSSR erweiterten Umfang stellt es ein im In- und Ausland sehr begrüßtes Hilfsmittel beim Studium der Sowjetgeologie auf einem Gebiet dar, auf dem sich aus sachlichen und historischen Gründen — nicht nur in der UdSSR! — die lokalen Begriffe in einem derartigen Maß häufen, daß der Nichtspezialist Mühe hat, sich zurechtzufinden. Dieses, ebenfalls von einem großen Kollektiv sowjetischer Geologen unter der Leitung von B. K. LICHAREW als Hauptredakteur bearbeitete Stratigraphische Wörterbuch der UdSSR entspricht daher auch innerhalb der Sowjetunion einem dringenden Bedürfnis und spiegelt gegenüber jenem von 1937 zugleich die Entfaltung des stratigraphischen Zweiges der Sowjetgeologie in den vergangenen zwanzig Jahren wider. Unter Hinweis auf die geographische Herkunft des Begriffes aus Europa oder Asien durch die Buchstaben E und A sowie unter grober stratigraphischer Einordnung in die Abteilungen der Formationen werden in alphabetischer Ordnung die stratigraphischen Begriffe aus der UdSSR bis zum Horizont hinab aufgeführt, literarisch belegt und beschrieben, wie folgendes Beispiel in Übersetzung zeigen mag (S. 66):

A. APSCHERON-STUFE, APSCHERON

(nach der Halbinsel Apscheron) Pliozän

N. BARBAT-DE-MARBI & G. SIMONOWITSCH, 1891 (geologische Forschungen im Bunagadin-Erdölgebiet der Halbinsel Apscheron. Mat. z. Geol. d. Kauk., Teil 2. Bd. 5, S. 26).

Sande, Tone, Mergel und Kalke, bis 1000 m mächtig. Mit einer Fauna, bestehend aus *Cardidae* (*Hyrcania, Monodacna, Pseudocatillus, Didacnomya, Apscheromia, Adacna*), aus der Gattung *Dreissensia*, eine Spezies *Corbicula* und ungefähr 20 Spezies Gastropoden (*Streptocerella, Celekenia, Micromelania* u. a.). Alter: Oberer Teil des Oberpliozän. Überlagert konkordant die Aktschagyl-Stufe und wird diskordant von der Bakinischen Stufe bedeckt. Verbreitet in der Kaspisenke, im Wolgatal nordwärts reichend bis Kuibyschew. Von RASCHENCEW (1928) in drei Teile untergliedert. Lit.: ANDRUSOW, N. 1923; SJÖGREN, H. 1891. A. SMOLKO.

Die Seiten 1132—1255 enthalten ein detailliertes Verzeichnis der in den einzelnen Artikeln (s. o.) zitierten Belegliteratur in russischer und fremder Sprache; den Abschluß des Bandes bildet ein umfassendes Verzeichnis der stratigraphischen Begriffe nach geologischen Systemen (Formationen) in alphabetischer Reihenfolge (S. 1256—1280) und ein Register der über 200 Verfasser des Wörterbuches (S. 1281—1283).

W. Gudelis: Geologijos ir Finzinės Geografijos Terminu Zodynas

220 S. — Valstybinė Politinės ir Mokslinės Literaturos Leidykla, Wilna 1950

Das bereits erwähnte, vom Institut für Geologie und Geographie der Akademie der Wissenschaften der Litauischen SSR herausgegebene russisch-litauische Wörterbuch der geologischen und physisch-geographischen Terminologie von W. Gudelis dient mit seinen weit über 5000 Begriffen in russischer und litauischer Sprache in erster Linie der Erschließung der russischsprachigen Fachliteratur für den litauischen Sprachbereich, kann aber dank einem litauischen Register auch zur Übertragung aus der litauischen in die russische Sprache benutzt werden. Es hilft damit auch dem des Litauischen Unkundigen, über die russische Sprache litauische Literatur und litauische Karten zu erschließen.

Lesesteine

Aus dem Scheichtum Qatar

Die Hafenstadt Doha auf der 20000 km² großen Halbinsel Qatar war bis vor wenigen Jahren ein Dorf, dessen Einwohner vorwiegend von der Perlenfischerei lebten. Als 1934 auf der Insel Bahrain die Erdölproduktion begann, wurde auch Qatar geologisch vorerkundet. Im Dezember 1939 erbrachte die Sonde Dukhan 1 das erste Rohöl. Als Kriegsfolge wurde die Förderung von 1942 bis 1947 stillgelegt. Erst im Dezember 1949 konnten die ersten 15000 t Rohöl exportiert werden. 1950 wurden bereits 1,5 Mill. t gewonnen, 1959 war eine Jahresproduktion von fast 8 Mill. t erreicht. Die zur Zeit erkundeten und sicher gewinnbaren Vorräte werden auf ca. 200 Mio t geschätzt. Durch die Ausdehnung der Erkundungsarbeiten auf die Senke von Odeid hofft man, die Vorratslage verbessern zu können. Qatar steht unter britischem Schutz und unterhält besonders enge Beziehungen zu Saudi-Arabien. Die Senke von Odeid, die die südliche Grenze Qatars gegen Saudi-Arabien bildet, wird gleichermaßen von der saudiarabischen Regierung und von Qatar beansprucht. Der Scheich Ali Bin Abdullah al Thani erhält für die Erdölkonzessionen 50% des Nettogewinns der Rohölexporte, das wären 1960 voraussichtlich etwa 50 Mill. $. Die 18000 Qatari erreichen damit neben der Bevölkerung Kuweits nicht nur das höchste Pro-Kopf-Einkommen am Persischen Golf, sondern sogar eines der höchsten der Welt. Vom Flugplatz führt eine 4bahnige Fernstraße in die Hauptstadt, die eine einzige große Baustelle ist. Der Scheich verfügt über einen Autopark von mehr als 200 Wagen, sein Thronfolger über mehr als 150. Etwa die Hälfte des durch die Erdölexporte erzielten Einkommens geht in den Staatshaushalt, aus dem auch die 330 Mitglieder der Familie des Scheichs versorgt werden.

Neben den eingeborenen Qataris genießen auch die 22000 Ausländer die Vorzüge der staatlichen Einrichtungen. Der öffentliche Gesundheitsdienst steht jedermann unentgeltlich zur Verfügung. Eines der modernsten Krankenhäuser am Persischen Golf befindet sich in Doha.

Der Schulbesuch ist gleichfalls unentgeltlich, und die Staatskasse zahlt Prämien an die Eltern, die für regelmäßigen Schulbesuch ihrer Kinder sorgen.

Die öffentlichen Versorgungsdienste, wie die Destillieranlagen für Trinkwasser und die Kraftwerke, werden ständig erweitert. Neben den asphaltierten Fernstraßen von Doha nach Umm Said und Dukhan werden über 400 km Landstraßen neu angelegt. Neben diesen modernen Errungenschaften tritt der Konservativismus der Beduinen stark in Erscheinung. Der Genuß von Alkohol und der Besuch öffentlicher Kinovorstellungen sind verboten. Nach altem Brauch dürfen die Frauen in der Öffentlichkeit nur tief verschleiert erscheinen.

Mangel in den Köpfen

Prof. Dr. h. c. Fritz Baade vom Institut für Weltwirtschaft an der Universität Kiel setzte sich auf der Jahrestagung der Vereinigung Deutscher Elektrizitätswerke am 10. 5. 1960 in Mannheim bei einer Betrachtung über die Energievorräte mit denjenigen auseinander, die einen Energiemangel prophezeien.

Wir folgen nachstehend einem Bericht der Zeitung für Kommunale Wirtschaft, Nr. 73, München 1960:

„Schon allein Kohle und Öl könnten mengenmäßig den dann (bis Ende des Jahrhunderts) zu erwartenden verzehnfachten Bedarf decken. Wenn es einen Mangel gibt, dann liegt er in unseren Köpfen. Sehe man Steinkohle bis zu 1200 m Tiefe als abbaufähig an und lege die heutige Förderung zugrunde, so reichten die Vorräte in der Sowjetunion für 3500 Jahre, in Asien für 3600 und in Europa für 546 Jahre. China besitze 80—100 m starke Flöze. Durchsetzen werde sich aber der Tagebau, der heute schon Tiefen bis zu 200 m erreiche. Die Braunkohle lange in Europa 400, in den USA 350, in der Sowjetunion 3800 und in Asien 3100 Jahre.

Beim Öl haben sich die Vorratsprognosen immer wieder als viel zu niedrig herausgestellt, sagte Baade. Die bekannten Reserven stiegen wesentlich rascher als die ohnehin rapide ansteigenden Entnahmen. Die bekannten abbaufähigen Vorräte haben sich 1956—58 um das Siebenfache der Entnahme vermehrt, wobei die neuen Funde in der Sahara, in Libyen und der Sowjetunion noch gar nicht inbegriffen sind. Insgesamt verdoppelt sich die Ölproduktion alle sieben Jahre. Bis Ende des Jahrhunderts würden also die 64fachen Mengen von heute anfallen. Das wäre mehr als das Sechsfache des gesamten Energiebedarfs. Eine solche Menge sei nicht absetzbar. Die Förderung müsse wohl freiwillig verlangsamt werden.

Die Russen behaupten, Vorräte gefunden zu haben, die weit über die Öl- und Erdgasreserven des Nahen Ostens hinausgehen. Prof. Baade erzählte, der Botschafter der Sowjetunion habe ihm kürzlich gesagt: Wir bauen sowieso 6000 km Ölleitungen nach Europa. Wir sind bereit, auch noch die 600 km bis ins Ruhrgebiet hinein zu bauen, alle Rohre dafür in Deutschland zu kaufen und das Eigentum in deutsche Hände zu übergeben. Wenn das auch in scherzhaftem Tone gesagt wurde, sei zweifellos ein ernst zu nehmender Kern darin enthalten. Im übrigen glaubt Baade, daß die Russen Öl und Erdgas nicht zu Schleuderpreisen anbieten, sondern knapp unter dem Marktpreis bleiben würden."

Es ist begrüßenswert, daß Prof. Baade denen, die in Westdeutschland und sonst das Gespenst eines drohenden Energiemangels an die Wand malen, so deutlich nachwies, wo der Mangel zu suchen ist. e

Erdöl/Erdgaswirtschaft gegen Montanunion

In „Die Deutsche Wirtschaft im Spiegel der internationalen Kräfte" (Sonderausgabe „Der Volkswirt" Nr. 51/52, Dezember 1959) beschäftigt sich Dr. Richard Levinsohn, Paris, mit dem Energieproblem. Nach ihm beruht „die Montanunion auf der Idee, daß Kohle und Stahl eng zusammengehören. Diese Idee stammt aus dem vorigen Jahrhundert. ... Als die Kohle aber aufhörte, Mangelware zu sein, wandte sich das Blatt ..., die Aussicht, daß die Kohle noch einmal in der nationalen oder internationalen Wirtschaft die Vormachtstellung wieder einnehmen könnte, die sie früher hatte, war gleich Null."

Aber in der Montanunion räumt man z. B. der Kohle immer noch den „Ehrenplatz" ein, „als ob sich in der Technik und in der Weltwirtschaft seit der Locarno-Zeit nichts verändert habe".

Deshalb sollte man nach Levinsohn vor allem eine Energieunion als modernste Neuauflage der Montanunion schaffen. Auf Grund des Sahara-Erdöls wird Frankreich unter den 6 Mitgliedern der Montanunion der größte Energieproduzent.

„Man kennt das lawinenartige Anschwellen der Zahlen: 1958 wiegte man sich noch in der Hoffnung, daß in der Sahara 1965 bestenfalls 20 Mill. t Erdöl gefördert werden könnten, und fand das wunderschön. 1959 wurden die Schätzungen berichtigt, und aus 20 wurden 50 Mill. t, die möglicherweise schon vor 1965 bereitstehen werden. Die

Pläne für die Pipelines sind bereits auf 57 Mill. t abgestellt. Vielleicht wird im nächsten Jahr die geometrische Progression der Schätzung weitergehen, und wir werden hören, daß man in der Sahara jährlich 100 Mill. t produzieren wird — und vielleicht mag das sogar zutreffen. Niemand bestreitet mehr, wie es dem armen CONRAD KILIAN, dem Entdecker des Sahara-Petroleums, erging, daß es in den unter französischer Oberhoheit stehenden Teilen Nord- und Zentralafrikas viel Erdöl und Erdgas gibt und daß einige Wüstenbezirke auch schon geologisch genügend durchforscht sind, um dort eine aussichtsreiche Industrie ins Leben zu rufen."

Die weiteren Entwicklungen auf dem westeuropäischen Energiesektor, die schließlich von den praktischen Ergebnissen der Erdölgeologen, Geophysiker und Bohrbrigaden abhängen, werden im laufenden und in den kommenden Jahren größte Aufmerksamkeit verdienen. E.

Besprechungen und Referate

GARRELS, R. M.

Mineral equilibria at low temperature and pressure

Harper and Brothers, Publishers, New York 1960, 254 S.

Die Geochemie gehört zu den jüngsten Geowissenschaften. Durch ihre Bedeutung, sowohl in der Grundlagenforschung als auch bei der Suche nach neuen Lagerstätten, rückt sie in letzter Zeit mehr und mehr in den Vordergrund.

GARRELS wendet sich dem speziellen Thema der Mineralgleichgewichte zu und beschränkt sich in seinem Werk auf die Vorgänge, die bei niedrigen Temperaturen und Drücken stattfinden.

Eine 20 Seiten umfassende Einleitung beschäftigt sich in der Hauptsache mit allgemeinen Fragen der physikalischen Chemie und der Elektrochemie. Hier sind die Grundlagen für das Verständnis chemischer Gleichgewichte kurz zusammengefaßt.

Das zweite Kapitel befaßt sich mit den Beziehungen: Aktivität und Konzentration, sowohl von einfachen Ionen- als auch von Molekularverbindungen.

Ausgehend von der Tatsache, daß die Karbonatgesteine erstrangige geologische Bedeutung besitzen, sind im folgenden Kapitel die Karbonatgleichgewichte eingehend behandelt. Die Zustandsverhältnisse von: $CaCO_3$ in reinem Wasser, $CaCO_3$—Wasser bei CO_2-Druck, gesättigte Karbonatlösungen und p_H-Wert, Kalzit bei Kohlensäuredruck und p_H-Wert, Wasser und CO_2 der Atmosphäre ohne $CaCO_3$ werden geschildert und an Hand von Formeln abgeleitet.

Im folgenden beschäftigt sich der Autor mit Eh- und p_H-Wert-Messungen in künstlichen und natürlichen Medien. Die einzelnen Meßvorgänge werden beschrieben und erläutert. Gleichzeitig wird auf Schwierigkeiten und die nötigen Vorsichtsmaßregeln hingewiesen.

Relativ breiten Raum nehmen die Partialdruck-Diagramme des nächsten Kapitels ein. Dabei werden die für die Mineral- und Erzbildung wesentlichsten Gase O_2, CO_2 und S_2 eingehend behandelt. In einer guten Auswahl von Diagrammen sind die wichtigsten Verbindungen und ihre Abhängigkeit von den Partialdrucken dargestellt. Es wird nachdrücklich darauf hingewiesen, daß es sich um Gase handelt und es oft Schwierigkeiten bereitet, die experimentellen Ergebnisse auf die natürlichen Verhältnisse zu übertragen.

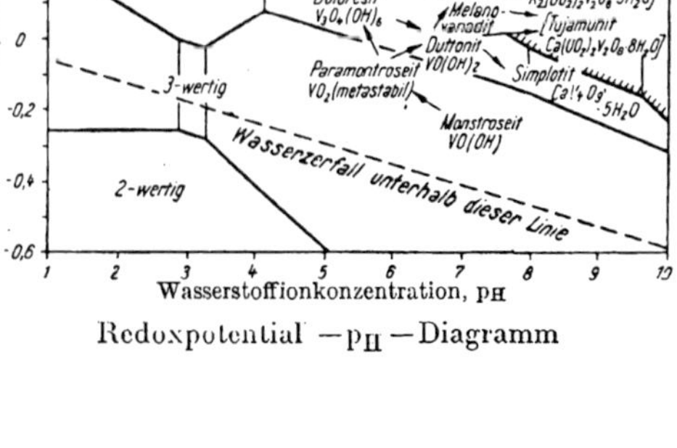

Redoxpotential —p_H—Diagramm

Auf den folgenden Seiten werden an vielen Beispielen Eh-p_H-Diagramme erläutert. Im Anschluß daran sind mit diesen Diagrammen die bereits erwähnten Partialdruckbeziehungen kombiniert. Fe und Cu bilden die grundlegenden Beispiele für diese Gedankengänge. Darauf aufbauend geht GARRELS dann zu anderen Elementen und ihren Gleichgewichten über.

Im letzten Teil des Buches werden Beispiele der Methode und ihrer Verwendbarkeit in der Geologie gezeigt. In diesem Zusammenhang wird der Leser auf viele wichtige Probleme hingewiesen, bei denen mit Hilfe der Kenntnis von Mineralgleichgewichten, in bezug auf die Genese, bedeutende Aussagen gemacht werden können. Es werden unter anderem Beispiele von sedimentären Eisenerzen, sedimentären Manganlagerstätten, Oxydation und sekundärer Anreicherung von Erzen und anderes mehr angeführt (Abb.). Begleitet sind alle Beispiele durch viele Literaturzitate.

Am Schluß eines jeden Kapitels sind das Anwendungsgebiet der Methode und ihre Grenze erläutert. Daneben wird stets auf zu beachtende Schwierigkeiten hingewiesen.

Die Geologie beschäftigt sich in vielen Zweigen mit chemischen Vorgängen, die bei der Bildung von Gesteinen ausschlaggebend sind. Besondere Bedeutung in diesem Zusammenhang kommt der Entstehung von sedimentären Lagerstätten zu, deren Bedeutung für die Gewinnung von Metallen ständig steigt. Bei der Suche und Erkundung dieser Lagerstätten werden die ,,Mineralgleichgewichte" eine wertvolle und bald nicht mehr wegzudenkende Hilfe sein. E. KNAUER

THÉOBALD, N. & A. GAMA

Stratigraphie

Verlag G. Doin & Cie, Paris 1959

Der vorliegende Band ,,Stratigraphie" (385 S.) ist der dritte Teil eines Werkes ,,Géologie", das unter der Leitung von ALBERT OBRÉ (Generalinspektor des öffentlichen Unterrichtswesens) erschienen ist. OBRÉ hat auch das Vorwort geschrieben. Die von THÉOBALD & GAMA verfaßten Bände ,,Géologie générale et pétrographie" und ,,Paléontologie" sind bereits in den Jahren 1956 und 1958 herausgekommen.

Es handelt sich bei dieser ,,Géologie" um ein dreiteiliges Lehrbuch, das für französische Hochschulen der Fachrichtung Biologie (Nationales Agronomisches Institut, Nationale Ackerbauschulen und Veterinärschulen, Höhere Lehrerbildungsanstalten usw.) bestimmt ist. Dem Zweck des Lehrbuches entsprechend, wird in dieser Stratigraphie vorzugsweise die historische Geologie Frankreichs berücksichtigt. Weitere Beispiele werden der Geologie Westeuropas entnommen. Auch Nordafrika, dessen geologische Verhältnisse zum großen Teil durch französische Geologen erforscht worden sind, spielt in der Darstellung eine wesentliche Rolle. Andere Regionen des Erdballs werden nur dann herangezogen, wenn Lücken ausgefüllt werden müssen, die sonst im Gesamtbild der Erdgeschichte unvermeidlich wären.

Gerade die starke Berücksichtigung der Geologie Frankreichs macht das Werk auch für den deutschen Fachmann besonders wertvoll, da es ihm einen vortrefflichen Einblick in den gegenwärtigen Stand der französischen Stratigraphie vermitteln kann. 116 Textfiguren, zumeist Profile und paläogeographische Karten, und 20 Tafeln unterstützen den klar gegliederten Text. Sehr nützlich sind die stratigraphischen Tabellen. Alles in allem ein durchaus empfehlenswertes Buch, das auch dem deutschen Geologen, wenn er des Französischen hinreichend kundig ist, sehr viel zu bieten vermag. W. RETTSCHLAG

MAULL, O.

Handbuch der Geomorphologie

2. Aufl., Verlag Franz Deuticke, Wien 1958; 600 S., 133 Abb.

Die gegenüber der ersten (1938) verbesserte und auf den neuesten Stand gebrachte zweite Auflage des bekannten Handbuches der Geomorphologie geht in der Anordnung des naturgemäß sehr umfangreichen Stoffes von den zu analysierenden morphologischen Leitformen der Erdoberfläche aus. Das Buch gliedert sich demzufolge in drei große Abschnitte. Im ersten Abschnitt werden die Grundbegriffe der Geomorphologie und die Methoden der geomorphologischen Forschung sehr instruktiv behandelt.

Der zweite Abschnitt stellt als analytische Geomorphologie und geomorphologische Landschaftskunde in klarer Stoffgliederung alle jene mannigfaltigen Formen der Erdoberfläche dar, die durch endogene und vor allem exogene Prozesse im Laufe der Erdgeschichte geschaffen wurden. Neben den Vorgängen der Denudation und fluviatilen Erosion werden vor allem den Bewegungs-, Bau- und Klimatypen der Tälerlandschaften, Gebirge und Senken breiter Raum gewidmet. In weiteren Kapiteln wird der oft verwirrende Formenschatz der Karstlandschaften, die Glaziallandschaften und ihre Formen, die Prozesse der Winderosion und schließlich die mannigfachen Einwirkungen des Wassers auf die Erdoberfläche behandelt. Alle Kapitel sind sehr reichhaltig illustriert.

In Bildtafeln am Schluß des Werkes werden die Illustrationen im Text durch lehrreiche Fotos ergänzt.

Im dritten Abschnitt, der systematischen Geomorphologie, wird nochmals eine übersichtliche Zusammenstellung aller hauptsächlichsten Formen und Formenelemente der Erdoberfläche gegeben.

Den Schluß des sehr empfehlenswerten Werkes bildet eine in systematischer Form gegliederte umfangreiche Literaturzusammenstellung. F. HESS

RAST, H.

Geologischer Führer durch das Elbsandsteingebirge

Bergakademie Freiberg, Fernstudium, Deutscher Verlag der Wissenschaften, Berlin 1959 — 224 S., 156 Abb., 12 Bildbeilagen

Der mit zum Teil farbigen Bildern, Karten, Profilen und Übersichtspanoramen reich ausgestattete Band ist der erste einer Reihe von Exkursionsführern, die teils den verschiedenen regionalen Einheiten, teils einzelnen geologischen Wissensgebieten gelten werden. Die Hauptabteilung Fernstudium in Freiberg will damit den Fernstudenten des Bergbaus und der Markscheidekunde Führer in die Hand geben, die ihnen bei den für ihr Studium unentbehrlichen Exkursionen die nötige Anleitung bieten sollen. Das ist bei diesem, von einem ausgezeichneten Kenner des Elbsandsteingebirges geschriebenen, ersten Büchlein dieser Art trefflich gelungen. Auf einen 50 Seiten starken, instruktiv bebilderten geologischen Überblick, der die paläontologischen, petrographisch-morphologischen, stratigraphischen, tektonischen Gegebenheiten und die ganze Genese des Gebirges knapp und eindringlich zur Darstellung bringt, folgen die Anleitungen zu neun Exkursionen, die jeweils dem Wanderer auf seinem genau bezeichneten Wege an jedem Punkte die wesentlichen Hinweise geben und ihm durch Bilder und meist farbige Karten und Profile die Orientierung und das Erkennen des Typischen und Charakteristischen erleichtern. Das Buch ist ebenso anschaulich-lebendig wie instruktiv geschrieben, und nicht nur der Studierende, auch jeder geologisch interessierte und etwas vorgebildete Wanderer wird sich auf Schritt und Tritt lebhaft angesprochen und zugleich belehrt finden. HAVEMANN

Les tendences principales de la recherche dans le domaine des sciences de la terre

Chronique de l'U. G. G. J., Jg. 26 (1960), S. 3—13 (Beilage zur „Bergakademie", H. 7/1960)

Dem von der Generalversammlung der Vereinten Nationen angeforderten, von Prof. AUGER hergestellten Bericht über die Geowissenschaften entnehmen wir den Teil, der sich mit der geologischen Erkundung befaßt (S. 3 der Beilage der „Bergakademie"):

„Die strukturellen Fragen sind in ihrer Bedeutung für die Menschheit offensichtlich, besonders im Hinblick auf ihre Anwendung in der Prospektion. Die Erz- oder Ölprospektion steht noch am Anfang, wenn man nur den sehr kleinen Teil der Erdkugel, der bis jetzt sowohl an der Oberfläche wie in der Tiefe untersucht worden ist (nur die Kontinente sind teilweise erforscht worden), betrachtet. Die tiefsten Bohrungen erreichen nur einige Kilometer. Man kann die Prospektion mit verschiedenen geologischen oder geophysikalischen Mitteln durchführen. Die seismischen Methoden bilden jedoch das Fundament. Diese Methoden, die im wesentlichen darin bestehen, die Unregelmäßigkeiten der Wellenfortpflanzung zu erkennen, haben den Vorteil kontrollierbarer Versuche; Versuche, die entweder künstliche Explosionen benutzen (nuklear oder nicht) oder auf die Methode der seismischen Tiefensondierung von GAMBURZEW zurückgreifen. Da sie große Investitionen erfordern, können sie in Ländern von geringer Bedeutung und begrenzten Mitteln nur mit Hilfe der internationalen Zusammenarbeit angewandt werden. Es ist in diesem Zusammenhang angebracht, sich an das Spezialproblem der Untersuchung des Inlandeises zu erinnern (Dicke und Art des Eises, Form und Entwicklung des Gesteinsuntergrundes, sei es in der Antarktis, sei es in der Arktis), eines Problems, das um so interessanter ist, weil in jenen Gebieten die Bedingungen verwirklicht sind, die jahrhundertelang auf der Erdoberfläche existiert haben. Das grandioseste Projekt auf diesem Gebiet ist jedenfalls das sogenannte Mohole-Projekt (Mohorovičić-Bohrloch). Das Projekt besteht in einer Bohrung, die in einem pazifischen Graben bis zur Mohorovičić-Diskontinuität niedergebracht werden soll. Diese Bohrung müßte die Kontrolle der jetzigen Hypothesen über die Struktur der Kruste und die Natur der Diskontinuitätsfläche sowie der Verteilung der Temperaturen im Erdinnern erlauben. Das Projekt wurde während der 11. allgemeinen Versammlung der IUGG (Toronto 1957) formuliert." E.

FURON, R.

Géologie de L'Afrique

2. Aufl., Verlag Payot, Paris 1960

Die zweite Auflage des FURONschen Werkes über die Geologie Afrikas ergänzt durch Aufnahme der inzwischen bekanntgewordenen Tatsachen die vor zehn Jahren erschienene erste Auflage. Sie stellt ein vorzügliches Nachschlagewerk dar, das es ermöglicht, sich schnell über den neuesten Stand der allgemein-geologischen, stratigraphischen und tektonischen Forschungsergebnisse zu informieren. Die beigegebenen Kartenskizzen und Profile erleichtern dies.

Das Werk ist in zwei Teile gegliedert. Im ersten werden die allgemeine Geologie, die Stratigraphie und die Paläogeographie behandelt, wobei dem Präkambrium und den kontinentalen Ablagerungen der ihnen für afrikanische Verhältnisse gebührende Anteil eingeräumt wird.

Der zweite Teil, der die regionale Geologie behandelt, beschreibt in 25 Kapiteln die Geologie der einzelnen Länder. Nicht berücksichtigt wird der zum mediterranen Gebiet gehörende Teil Nordafrikas. Besonders eingehend sind die zum früheren französischen Kolonialreich gehörenden Gebiete behandelt. Lagerstätten werden kaum erwähnt.

Im übrigen ist dieses Werk jedem, der sich für ein bestimmtes Gebiet des afrikanischen Kontinents eine geologische Übersicht verschaffen will, bestens zu empfehlen. E.

CHOLODOW, W. N.

Verhalten seltener und disperser Elemente im sedimentären Prozeß

Fragen der Mineralogie, Geochemie und Genese von Lagerstätten seltener Elemente, Folge 2, Moskau 1959, S. 19—48

Der Verfasser behandelt an Hand der Arbeiten sowjetischer und ausländischer Autoren (93 Literaturangaben) die Ergebnisse des Verhaltens seltener Elemente während der Sedimentation. Er geht auf das Verhalten der seltenen Elemente im sedimentären Mineralbildungsprozeß und die Gesetzmäßigkeiten ihrer Verbreitung in den verschiedenen Typen der sedimentären Gesteine ein.

Die Verbreitung der seltenen Elemente in den sedimentären Mineralien ist noch nicht genügend untersucht worden, um grundlegende Aussagen über die geochemischen Bedingungen ihrer Migration und Konzentration machen zu können.

Dagegen ist die Verbreitung der seltenen Elemente in den Gesteinen besser untersucht. Der Autor weist besonders auf die Verbreitung von Sr, Rb, Zr, SE, U, Li, Ga, Nb, Cs, Ge, Sc, Be, Se, Te u. a. hin. Die größten Gehalte an seltenen Elementen besitzen Schiefer, Bauxite, Phosphorite, Fe-Erze und Kohlen.

Der letzte Abschnitt der Arbeit befaßt sich mit den Lagerstätten seltener Elemente sedimentärer Entstehung. Man findet sie in allen sedimentären Gesteinen und Erzen. Sie sind aber vorwiegend an terrigene Gesteine geknüpft. Vielfach zeigt sich eine Nichtübereinstimmung der mittleren Gehalte mit den geochemischen Gehalten eines Elementes.

Weitere Untersuchungen in dieser Frage müssen noch folgen. Der Autor weist am Schluß seiner Arbeit auf einige Gesichtspunkte der weiteren Entwicklung des Fragenkomplexes hin.

Die Arbeit ist durch 18 Tabellen illustriert, die vorwiegend die Gehalte einiger seltener Elemente in verschiedenen Gesteinen und Mineralien zeigen sollen. By.

EVRARD, P., & A. VAN WEELDEN

Les Recherches Géophysiques dans la Cuvette Congolaise et leur Interprétation (Congo Belge)

V. Welterdölkongreß, New York 1959, Section I — Paper 29

Die Verfasser beschreiben die seit 1952 im Zentralbecken des belgischen Kongo durchgeführten geophysikalischen Messungen. Im ersten Teil wird die geologische Konzeption beschrieben, nach der die Forschungen ausgerichtet wurden. Im zweiten Teil werden die Gründe aufgezählt, die zur Auswahl der angewandten Untersuchungsmethoden führten. Die schwierigen tropischen Arbeitsbedingungen gaben oft für die Auswahl der Untersuchungsverfahren den Ausschlag. Ferner werden die Ergebnisse der gravimetrischen, magnetischen, refraktions- und reflexionsseismischen Messungen interpretiert und Vorschläge für Bohransatzpunkte in einigen Gebieten unterbreitet (z. B. in der Kalkschieferserie bei Basoko am Aruwimi, im Jurabecken des Lomami, in der Umgegend von Coquilhatville usw.). E.

ASCHENBRENNER, B. C. & C. W. ACHAUER

Minimum Conditions for Migration of Oil in Water-Wet Carbonate Rocks

Bull. AAPG, Vol. 44 (1960), Nr. 2, S. 235—243

Die Migration von Öl in wassernassen Gesteinen ist nur möglich, wenn der hydrostatische oder hydrodynamische Gradient die kapillaren Kräfte überwindet. Es wurden deshalb 100 Poren und ihre Verbindungskanäle gemessen. Die Porengröße lag zwischen 0,02 und 1,40 mm; logarithmisches Mittel: 0,137 mm. Die Verbindungskanäle waren 0,0003 bis 0,123 mm weit; logarithmisches Mittel: 0,0163 mm. Auch ihre Form wurde untersucht. Aus diesen Werten wurde dann der kritische Druckgradient unter hydrodynamischen Bedingungen berechnet, der für die Migration nötig ist. Er ergab sich zu 44,105 dyn/cm²/L cm (L = Länge der kontinuierlichen Ölphase). Er ist wesentlich größer als für normale Sandsteine. Die Autoren knüpfen daran wichtige Schlußfolgerungen für die Entstehung von Lagerstätten in Karbonaten und Sandsteinen und ihre mögliche Verteilung in den Akkumulationszonen. MEINHOLD

ATWATER, G. I.

Geology and Petroleum Development of the Continental Shelf of the Gulf of Mexiko

V. Welterdölkongreß, New York 1959, Section I — Paper 21

Die Arbeit beschreibt den geologischen Aufbau des Schelfgebietes am Golf von Mexiko bis zu 65 m Wassertiefe, die augenblicklich als wirtschaftliche Grenze für den Aufschluß angesehen wird. Von den insgesamt 40 Mill. ha sind bisher 5,2 Mill. ha als ölführend nachgewiesen worden. Genau untersucht wird die große tertiäre Geosynklinale, die der Küste von Texas und Louisiana vorgelagert ist. Für sie wurden Höffigkeits- und Strukturkarten für Kreide, Tertiär und Quartär mit allen statistisch-ökonomischen Angaben ausgearbeitet. Bisher fand man auf dem Schelf 86 Felder mit 350 Mill. t Vorrat an Öl und 250 Mrd. m³ Gas. Drei Salzstockfelder werden näher beschrieben, darunter ein Salzstock, der im caprock Schwefel führt und dessen Abbau mit überhitztem Wasser vorbereitet wird. M.

TODD, R. A. & G. W. CRAWFORD

Tensammetry: Key to Reservoir Wettability Studies

The Petrol. Engineer, Bd. 32 (1960), Nr. 2, S. B 74, B 76, B 80, B 82

Die Tensammetrie ist eine polarographische Methode zur Feststellung der Oberflächenaktivität. Es wird ein Wechselstrom beobachtet als Funktion einer an einer Quecksilber-Elektrolyt-Grenzfläche angelegten Gleichspannung. Im Moment, wenn die Gleichspannung als desorptive Kraft der adsorptiven gleich ist, entsteht eine hohe Stromspitze. Mit dieser Methode wurde versucht, natürliche, in den Lagerstätten vorkommende oberflächenaktive Stoffe (Salzwasser im Öl) aufzufinden und mit ihnen die Benetzbarkeit des Gesteines (ob ölnaß oder wassernaß) nachzuweisen. Enthält das Lagerstättenwasser keine oberflächenaktive Substanz und erscheint nach Mischung mit dem Öl eine Spitze, kann das Speichergestein ölnaß sein und umgekehrt. Eine Reihe von natürlichen und künstlichen Mischungen wurden zur weiteren Klärung der Frage der Benetzbarkeit untersucht. MEINHOLD

CLARAC, E. & J. SOCRATE

Conditions de fonctionnement et équipement du réservoir de Lussagnet

Revue de l'Instit. Français du Pétrole, Bd. XV (1960), Nr. 3, S. 514—518

Auf dem Gasfeld Lacq ist der Untergrundgasspeicher Lussagnet in Betrieb genommen worden. Auf Grund seismischer Ergebnisse wurde die genannte Antiklinale gewählt, sie hat eine nutzbare Höhe von mehr als 150 m. Die Schichten gehören der Molasse an. Der Speichersand ist 45 m mächtig, unregelmäßig ausgebildet und linsenförmig; er führt Süßwasser. Die Porosität wurde durch Bohrlochmessungen, die Permeabilität aus dem Wasserzulauf ermittelt. Seine Aufnahmekapazität betrug Ende 1959 500 Mill. m³ Gas, die tägliche Einpreß- oder Entnahmekapazität 4—5 Mill. m³. Die Komplettierung der Bohrungen, die Druckversuche und Übertageeinrichtungen werden beschrieben. MEINHOLD

PETRASCHECK, W. E.

Die alpin-mediterrane Blei-Zink-Provinz

Z. Erzbergbau u. Metallhüttenwesen, Jg. 13 (1960), S. 199 bis 203

Ausgehend von seinen im Jahre 1955 gegebenen Definitionen der Begriffe „metallogenetische Provinz" oder „Erzprovinz", „metallogenetische Unterprovinz", „metallogenetischer Bezirk" oder „Erzbezirk" und „Metallprovinz", analysiert PETRASCHECK kurz zusammenfassend die mediterranen Blei-Zink-Erzbezirke. Auf Grund des Bauplans des mediterranen Orogens kann man den Mittelmeerraum in drei metallogenetische Provinzen mit zehn unterscheidbaren Erzbezirken einteilen.

Ostmediterrane Provinz	Alpine Provinz
Ia Tauridischer Blei-Zink-Bezirk	Va Südalpiner Blei-Zink-Bezirk
Ib Ägäischer Blei-Zink-Bezirk	Vb Nordalpiner Blei-Zink-Bezirk
IIa Westanatolischer Blei-Zink-Bezirk	VI Grazer Blei-Zink-Bezirk
IIb Rhodopischer Blei-Zink-Bezirk	VII Südtiroler Blei-Zink-Bezirk
IIc Innerdinarischer Blei-Zink-Bezirk	
IIIa Ostpontischer Blei-Zink-Bezirk	
IIIb Nordbulgarischer Blei-Zink-Bezirk	
IV WestdinarischerBlei-Zink-Bezirk	

Westmediterrane Provinz

VIII Nordafrikanischer Blei-Zink-Bezirk
IX Südspanischer Blei-Zink-Bezirk
X Sardinischer Blei-Zink-Bezirk

Verf. gibt eine Charakteristik der einzelnen Bezirke, wobei er auf genetische Fragen eingeht. Die Lagerstätten der ostmediterranen Erzprovinz sind fast ausnahmslos räumlich und zeitlich sichtbaren magmatischen Zentren zuzuordnen. Die reliktischen, variskischen Gebirgszüge der alpinen Erzprovinz mit ihrem N–S-Streichen stehen einer E–W-Richtung der Verteilung der darüber lagernden Erzzonen in den mesozoischen Schichten gegenüber. Aus diesem Grunde wird die Deutung der Vererzung in den mesozoischen Schichten der Alpen im Sinne von SCHNEIDERHÖHN als sekundär hydrothermal nach oben projiziert abgelehnt. Auch verneint er das Auftreten von Anzeichen dafür, daß das variskische Grundgebirge in den Alpen erzreich war.

Die Genese der Erze in den karnischen Schiefern und unternorischen Dolomiten wird als chemisch-sedimentär im Gefolge eines submarinen Vulkanismus gedeutet. Die Erze in den darunterliegenden Kalken und hydrothermal-epigenetisch gebildet, teils als Höhlenfüllung, zum größten Teil als Gangfüllung. Die kalkalpinen Erzbezirke entsprechen somit zeitlich dem triadischen westdinarischen Blei-Zink-Bezirk.

Die Blei-Zink-Lagerstätten Algeriens und Tunesiens der westmediterranen Erzprovinz werden im Zusammenhang mi den anderen Lagerstätten, die sicher von einem jungen Magmatismus herzuleiten sind, betrachtet.

Die Mehrzahl der Blei-Zink-Lagerstätten der gesamten Provinz sind an den Stamm des alpinen Orogens geknüpft und zu verschiedenen Zeiten gebildet worden. Dem Metallinhalt von fast 10 Mill. t Blei und 7,5 Mill. t Zink sowie 0,4 Mill. t Kupfer im Süden stehen nördlich der tektonischen Grenze der paphlagonisch-nordrhodopischen Narbe, die sich nach Westen fortsetzt, 3,3 Mill. t Kupfer und nur je 100000 t Blei—Zink gegenüber. Dabei folgen die Blei-Zink-Lagerstätten überall den gleichen Bildungsgesetzen wie die Lagerstätten anderer Metalle. Die Unterschiede zwischen der alpin-mediterranen Metallogenese gegenüber der des ostmediterranen Gebietes werden tektonisch begründet. In den Alpen kann man an Stelle der jungen magmatischen Phänomene des ostmediterranen Gebietes eine Verknüpfung der Metallisation mit einer postorogenen Metamorphose erkennen. Sie wird auf palingenetische Vorgänge in der Wurzel des Gebirges zurückgeführt, die ihre Ursache in einer Übereinanderstapelung der alpinen Überschiebungsdecken haben, die wiederum dazu führte, daß die jungen Schmelzen nicht so frei nach oben durchbrechen konnten wie in dem weniger eingeengten ostmediterranen Raum. Es besteht kein Grund für die Annahme besonderer Bildungsvorgänge für den alpinen mediterranen Bereich in bezug auf die Blei-Zink-Lagerstätten, und die Erze werden als magmatogen betrachtet. E. Kautzsch

Pjelimskij, G. A.

Einfluß des Nebengesteins auf die Erzausfällung hydrothermaler Uranlagerstätten

„Geologie der Erzlagerstätten", Jg. 1 (1959), H. 6, S. 39–51

Verf. bringt sehr interessantes Material über den Einfluß des Nebengesteins auf hydrothermale Lagerstätten. Danach üben verschiedene Nebengesteine einen bestimmten Einfluß auf die Ablagerung von Erzen — einschließlich der Uranpechblende und anderer mit ihr verbundener Erzmineralien — aus. Als allgemeine Gesetzmäßigkeit kann gelten, daß auf vielen hydrothermalen Lagerstätten die Vererzung an Gesteine gebunden ist, die reich an Fe, Ca, Mg und Na sind, darüber hinaus aber auch an Sulfiden (besonders Pyrit).

Nach diesen Gesichtspunkten werden die wichtigsten Gesteine nach ihrer Produktivität in drei Hauptgruppen eingeteilt:

a) Unproduktive Gesteine: Quarzite, Quarz-Muskovitschiefer, Muskovitschiefer und Granite. Hydrothermale Lösungen verursachen in diesen Gesteinen nur schwache Veränderungen. Die Vererzung tritt in ihnen stark zurück oder fehlt vollständig.

b) Für die Vererzung produktive Gesteine: Kersantite, Porphyrite, dolomitisierte Kalke, Diabase und Amphibolschiefer. Gesteine dieser Gruppe werden bedeutend stärker als unproduktive Gesteine verändert.

c) Außerordentlich produktive Gesteine: Biotitschiefer und Paragneise, Skarne und Tuffite basischer Gesteine mit Skarnlagen. Diese Gesteine werden besonders einer intensiven Chloritisation und Verquarzung unterzogen. Die Vererzung erreicht in ihnen das Maximum.

Die aufgestellte Abhängigkeit der Erzausfällung nach dem Charakter des Nebengesteins erfolgt gesetzmäßig durch die Wechselwirkung hydrothermaler Lösungen mit leicht reagierenden Gesteinen. Dabei werden um die Erzgänge — vom Gange aus — annähernd parallel nacheinander folgende hydrothermal veränderte Zonen ausgebildet:

a) Verquarzung (mit Eisenoxyden)
b) Karbonatisation
c) Serizitisation
d) Chloritisation

Nach Ansicht des Autors sind die Zonen b—d auf den Einfluß der quarzigen Sulfid-, die Zone a aber auf die Quarz-Karbonat-Mineralisation zurückzuführen.

Zur zonenweisen Nebengesteinsveränderung wird vom Autor ein besonders reichhaltiges Tatsachenmaterial vorgelegt. An Hand zahlreicher Analysen wird die Stoffverschiebung im Nebengestein näher erläutert. So ist z. B. die Chloritisation der Nebengesteine durch die Zunahme von zweiwertigem Eisen und Magnesium und durch Abnahme von Aluminium und Kalzium gekennzeichnet. Die Serizitisation dagegen verursacht eine Kaliumzunahme und eine Abnahme der Natriumgehalte. Gleichzeitig mit diesen Nebengesteinsumwandlungen erfolgt auch eine gewisse Veränderung des spezifischen Gewichtes.

Am Ende seines Artikels geht der Autor besonders auf die Ursachen der Uranausfällung ein, wobei er zu der Ansicht gelangt, daß die Wechselwirkung hydrothermaler Lösungen mit dem Nebengestein zur Zerstörung des physiko-chemischen Gleichgewichtes und damit zur Ausfällung der vorhandenen Mineralien führt. Die Ausfällung des Urans in Form kollomorpher Pechblende erfolgt dabei offensichtlich durch Koagulation kolloider Lösungen bei der Erhöhung der Basizität und der Verringerung des Oxydationspotentials.

Die angeführten Gesetzmäßigkeiten der Uranerzverteilung können in Abhängigkeit von der Nebengesteinszusammensetzung eine beachtliche Hilfe bei der Erkundung hydrothermaler Uranlagerstätten geben. Darüber hinaus wird aber auch gezeigt, daß die Bildungsbedingungen der hydrothermalen Uranlagerstätten gegenüber entsprechenden Lagerstätten anderer Metalle (wie Blei, Zink, Kupfer usw.) keine Ausnahme darstellen. H. S.

Reisser, A.

Gold und Uran. Vom Bergbau in der Südafrikanischen Union

„Bergbau-Rundschau", Jg. 12 (1960), S. 5—12

Die Rohstoffe Gold und Uran bestimmen den Bergbau in der Südafrikanischen Union. Der Verf. bringt im ersten Teil seines Beitrages eine Übersicht über die Goldbergwerke, die sich in einem großen, nach SE offenen Bogen über etwa 480 km von Transvaal bis zum Oranje-Freistaat erstrecken. Er unterscheidet 7 Bergbaureviere und beschreibt vor allem die Gebiete, die erst in den letzten Jahren erschlossen wurden (Oranje-Freistaat, Westtransvaal und Fernostrand im Kinross-Gebiet Osttransvaals). Es werden Angaben über Gehalte, Vorräte und Förderung gegeben und die Abbaubedingungen kurz erläutert. Eine kurze Darstellung der Erzaufbereitung sowie der Preisentwicklung auf dem Goldmarkt schließen sich an. Im zweiten Teil seiner Arbeit geht der Verf. auf den Uranbergbau ein, der immer mehr an Bedeutung gewinnt. 1958 wurden etwa 20% der Weltproduktion an Uranoxyd in der Südafrikanischen Union erzeugt. Die Gestehungskosten sind in Südafrika sehr niedrig, da das Uranoxyd als Nebenprodukt des Goldes gewonnen wird. Nach kurzer bergwirtschaftlicher Betrachtung und Darlegung der Lagerungs- und Bildungsbedingungen werden Angaben über Gehalte, Vorräte, Gewinnung und Verarbeitung des Urans gegeben. Die Gesamtvorräte des Gebietes sollen etwa 1100 Mill. t Roherz mit einem Metallinhalt von rund 370000 t Uranoxyd betragen. Diese Metallmenge würde etwa 60 Jahre Bergbau gewährleisten, wenn man die Jahresproduktion an Uranoxyd des Jahres 1958 (rd. 5600 t) zugrunde legen würde.

Der Beitrag enthält 4 Tabellen und 4 Abbildungen sowie Literaturangaben und vermittelt zahlreiche neue Tatsachen aus einem der wichtigsten Erzbezirke der Erde. Ulbrich

Bilibina, T. B. & J. W. Bogdanow

Über die Perspektiven der Goldführung im Gebiet von Mugodschar (S-Ural)

„Geologie der Erzlagerstätten", Moskau, Jg. 1 (1959) (russisch)

Die beiden Autoren beschreiben die Gesetzmäßigkeiten der Golderzlagerstätten der Kumaksker Gruppe und zum Teil auch des Akpansker und Blasker Gebietes im Südural. Sie stellen dabei fest, daß die endogenen Golderzmineralisationen zum größten Teil einem der jüngsten Erzkomplexe angehören und durch tektonische Störungen kontrolliert werden, die nach dem Abschluß der Faltung und der Bildung der Granitintrusionen entstanden sind.

Nach einer Analyse der geologischen Entwicklung von Mugodschar werden die Granite des Adamksker Komplexes der Hauptfaltungsperiode eines beweglichen Gürtels zugeschrieben. Die Goldvererzung erfolgte nach der Konsolidierung des Faltengürtels und entspricht damit einer späteren Etappe seiner Entwicklung.

Das Fehlen einer genetischen Verbindung zwischen der Goldvererzung und den Mikroklingraniten des Adamksker Komplexes widerspricht nicht einem allgemeinen Zusammenhang dieser Granite mit der jüngeren Goldvererzung.

H. S.

Autorenkollektiv

Industrial Minerals and Rocks

Am. Inst. of Min., Metall. and Petrol. Engineers, 3. Aufl., 934 S., New York 1960

Wie die zweite Auflage von 1949 ist auch die jetzige dritte Ausgabe dieses wertvollen Handbuchs vollständig neu geschrieben worden, um mit den schnellen Fortschritten in der Technologie und der industriellen Verwendung der nutzbaren Mineralien Schritt zu halten. In 55 Kapiteln werden die Mineralien und Gesteine von fast ebenso vielen Spezialisten nach Eigenschaften, Entstehung, Vorkommen, Prospektion, Produktion, Verarbeitung, Verwendung, Marktlage u. a. eingehend und übersichtlich behandelt. Jedes Kapitel ist mit Tabellen, graphischen Darstellungen und speziellen Literaturangaben versehen. Das sowohl nach Mineralien wie auch nach deren Verbreitungsgebiet geordnete Register ermöglicht ein schnelles Nachschlagen. Auch wenn eine der früheren Ausgaben des Buches vorhanden ist, ist die Anschaffung dieser auf den neuesten Stand gebrachten dritten Ausgabe zu empfehlen. HAVEMANN

GENKIN, A. D.

Die Bedingungen des Vorkommens und die Besonderheiten der Zusammensetzung von Platinmineralien in den Erzen der Lagerstätte von Norilsk

„Geologie der Erzlagerstätte", Moskau, Jg. I (1959), H. 6, S. 74—84 (russisch)

Im Artikel werden die Bedingungen des Vorkommens und die Paragenesen von Mineralien der Platingruppe in den Erzen der Norilsker Lagerstätte beschrieben. Ihre größte Konzentration besitzen sie in den Gängen gemeinsam mit Kupferkies, der durch die Differentiation einer sulfidischen Schmelze entstanden ist und in einem der letzten Stadien der Erzgänge auskristallisierte. Bei seinen Untersuchungen kommt der Verf. zu folgenden Schlußfolgerungen:

1. Die Pt-Mineralien trifft man größtenteils in Kupferkiesgängen an, die mit einer Ansammlung von Platinmineralien und Kupfer an eine sulfidische Restschmelze gebunden sind.
2. In den meisten Gängen beobachtet man eine gesetzmäßige Fixierung der Platinmineralien an den oberen Salbändern wo sie innerhalb eines Magnetitsaumes abgelagert wurden, der die Grenze zwischen Gang und Gestein (pikritischer Gabbro-Diabas, Labrador-Porphyrit) bildet.
3. Die Platinmineralien trifft man häufig als Kristalle mit Skelettformen an. Die Ausbildung der umgebenden Mineralien und das Vorhandensein von Trümern und Kristallen der Platinmineralien spricht dafür, daß sie typische Metakristalle bilden und wahrscheinlich später als die Sulfide entstanden.
4. Als charakteristische Besonderheit der Paragenese dieser Platinmineralien erscheint die ständige Verwachsung mit gediegen Gold und anderen Mineralien seiner Gruppe. Ungewöhnlich erscheint auch die enge Verwachsung mit Bleiglanz und die Vergesellschaftung mit Graphit-Magnetit-Trümern in den salbandnahen Teilen der Gänge.
5. In fein eingesprengten Erzen findet man in effusiven Andesin-Diabasen ein neues Mineral der Platingruppe, das vorläufig unter der Bezeichnung Sulfid-Palladium bekannt wurde. Dieses Mineral kommt in der Paragenese mit Millerit, Ni-Pyrit und Kupferkies vor und wurde größtenteils in den Verwachsungszonen dieser Mineralien abgelagert, die beim Zerfall von Pentlandit entstanden.
6. Nach der Methode der Röntgenspektralanalyse von Mikrosubstanzen (BOROWSKIJ u. a. 1959) erfolgte die Bestimmung der Zusammensetzung einiger Pt-Mineralien aus den Cu-Ni-Sulfiderzen der Lagerstätte von Norilsk. Dabei wurde folgendes festgestellt:
   a) Das Vorhandensein von festen Lösungen des Platins mit bedeutenden Ir-Gehalten (bis zu 8%). In diesen Lösungen sind Pd (bis zu 20%), Eisen (etwa 10%), Nickel (etwa 4%), Kupfer (bis zu 1%) und Zinn (bis zu 8%) enthalten.
   b) Die Anwesenheit von Erzen mit Sperrylith ($PtAs_2$).
   c) Der Nachweis neuer intermetallischer Verbindungen von Blei und Palladium in der Zusammensetzung als Pd_4Pb.
   d) Das Vorkommen von Stibiopalladinit in den Erzen von Norilsk wurde bestätigt
   e) wie auch die früheren Feststellungen eines neuen Minerales, des Sulfidpalladiums. H. S.

HOADLEY, J. W.

Mica Deposits of Canada

Geological Survey of Canada, Economic Geology Series, Nr. 19, Ottawa 1960

Im ersten Kapitel dieser Glimmermonographie wird ein bemerkenswerter Beitrag über die im Handel befindlichen Qualitäten gegeben. Es werden die physikalischen Eigenschaften, Spaltbarkeit, Farbe usw. besprochen, und es wird eine Klassifikation für Muskovit- und Phlogopit-Platten gegeben. In einem weiteren Kapitel wird die Geologie der Glimmer- und Vermiculit-Vorkommen besprochen. Es werden weiter die Lagerstätten von Muskovit, Phlogopit und Vermiculit in Kanada und in den übrigen Ländern beschrieben. Unter den Anlagen ist besonders bemerkenswert eine Zusammenstellung der Standardgrößen der im Handel befindlichen Glimmerplatten. E.

KLER, M. M.

Methoden der Spektralanalyse bei geologischen Kartierungs- und Prospektionsarbeiten

aus: KRASNIKOW, W. I.: Geochemische Erkundung von Erzlagerstätten in der UdSSR, Moskau 1957, S. 313—323

Die Forderung nach Analysierung auf sehr viele chemische Elemente sowie nach hoher Arbeitsgeschwindigkeit bei nur geringem Kostenaufwand erfüllt die Emissionsspektralanalyse mit dem elektrischen Lichtbogen als Anregungsquelle. Daher werden in der Sowjetunion Mineralproben in allen Stadien der geologischen Erkundung mit Hilfe der Emissionsspektralanalyse untersucht. In einem einzigen Spektrogramm lassen sich bis 50 Elemente qualitativ nachweisen. Die Weiterentwicklung in der Methodik der Spektralanalyse zielt auf möglichst quantitative Gehaltsbestimmung hin.

KLER beschreibt mehrere Methoden der halbquantitativen Untersuchung von Gesteinen und Erzen, die mit dem Quarzspektrographen ISP—22 ausgeführt werden. Die „Methode der Vergleichsspektren" läßt nur die Analyse einer begrenzten Zahl von Elementen zu. Sie erfordert relativ viel Zeit und Photoplattenmaterial. Größere Bedeutung für die geologische Praxis hat die „Methode des Erscheinens und der Verstärkung von Linien" gewonnen. Man arbeitet hierbei nach Tabellen, die angeben, welche Linien eines Elementes bei bestimmter Konzentration (0,01; 0,03; 0,1...%) festzustellen sind bzw. wie sehr sich die Linienintensität verstärkt hat. Dieses Verfahren zeichnet sich durch hohe Analysiergeschwindigkeit aus. Die Aufnahme von Vergleichsspektren entfällt; dafür muß auf genaueste Einhaltung der Versuchsbedingungen geachtet werden. Für die Untersuchung auf mehr als 5 bis 10 Elemente eignet sich diese Methode jedoch nicht sonderlich.

Die zur Zeit erfolgreichste Methode für die halbquantitative Vollanalyse von Erzen und Mineralien auf 40 bis 50 Elemente ist die beim WSEGEI seit 1946 ständig weiterentwickelte „Methode der Intensitätsabschwächung der Spektrallinien um drei Größenordnungen". Diese Methode wird von KLER sehr eingehend behandelt. Das Wesen dieser Methode besteht darin, daß das von der verdampften Probe emittierte Licht vor Eintritt in den Spektralapparat 10-stufige Lichtabschwächungsmittel, das sind rotierender Sektor oder Platinstufenfilter, passieren muß. Hierdurch wird die Lichtintensität stufenweise um drei Größenordnungen, also um das 1000fache, gegenüber der ursprünglichen Intensität verringert. Alle Spektrallinien können auf der Photoplatte in 10 Teilspektrogrammen mit abnehmender Intensität erscheinen. Bei der Auswertung des Gesamtspektrogramms wird festgestellt, durch wie viele Lichtschwächungsstufen die jeweilige Analysenlinie noch sichtbar ist. Die Auswertung der Elementkonzentration erfolgt an Hand von Eichkurven und Eichtabellen.

Die Vorzüge der „Methode der Intensitätsabschwächung der Spektrallinien" gegenüber anderen Methoden der halbquantitativen Spektralanalyse von Gesteinen, Erzen und Mineralien bestehen in: hoher Analysiergeschwindigkeit, einfacher Auswertung der Spektrogramme durch visuelle Schätzung von nur ein bis zwei Linien, Erfassung einer großen Anzahl von Elementen in einem Konzentrationsbereich von 0,001% bis zu ganzen Prozenten. Zur Durchführung dieser Methode benötigt man ein spezielles zehnstufiges Lichtabschwächungsmittel mit einem Durchlässigkeitsbereich von 1:1000 bei einem Verhältnis benachbarter Stufenwerte von 0,15. Am besten eignet sich ein zehnstufiges Neutralfilter mit Platinbestäubung, das in eine Spezialstufenblende eingebaut wird. Die Höhe der einzelnen Stufen beträgt 0,2 bis 0,3 mm. Die Reproduzierbarkeit der Methode ist für isotypes Untersuchungsmaterial ± 12 bis 20%, für heterotypes ± 50% und mehr. In letzterem Falle werden die Analysenergebnisse als Konzentrationsbereiche (z. B. 0,001—0,003% usw.) angegeben. Die Methode wird noch weiterentwickelt. Es wird u. a. versucht, durch Herabsetzung der Stufenhöhe des Filters auf 0,1 mm 50—57 Aufnahmen von Probenspektren auf einer Photoplatte unterzubringen, was für den Masseneinsatz der Methode von Wichtigkeit ist.

Die spektrochemische Untersuchung einer Reihe von Elementen erfordert Spezialmethoden und Spezialapparaturen. So werden kleine Gehalte an Lithium, Rubidium, Cäsium, Barium, Uran u. a. mit Hilfe von Spektrographen mit Glasoptik untersucht.

Quantitative Methoden der Spektralanalyse werden nur für isotypes Probenmaterial ausgearbeitet. Die Homogenisierung der Probe geschieht durch chemischen Aufschluß. Der Zusatz von Standardelementen ist üblich. Kler weist darauf hin, daß die Einführung der quantitativen Spektralanalyse in die geologische Praxis auf breiter Grundlage erschwert wird, einerseits wegen der sehr veränderlichen chemischen und mineralogischen Zusammensetzung (Heterotypie) der Proben, andererseits wegen der bedeutend geringeren Analysiergeschwindigkeit spezieller quantitativer Methoden im Vergleich zu denen der halbquantitativen Spektralanalyse.

Für geochemische Forschungen, insbesondere bei der Ermittlung kleiner Elementgehalte, kommt es darauf an, die Intensitätsempfindlichkeit zu erhöhen, was durch chemische und physikalische Anreicherungsmethoden und auch durch Einsatz der photoelektrischen Indikation der Spektrallinienintensität erreicht werden kann. J. Ottemann

Problema Proizchoshdenija Nefti i Gasa Uslowija Formirowanija ich Saleshej

Berichte von der Unionstagung vom 20.—28. Oktober 1958. Gostoptechisdat, Moskau 1960

In diesem Sammelband sind die Vorträge zusammengefaßt, die in Moskau vom 20.—28. Oktober 1958 auf Anregung der Akademie der Wissenschaften im Auditorium Maximum der Lomonossow-Universität zur Frage der Erdölgenese gehalten wurden. Die Mehrheit der Vortragenden vertrat auf dieser Tagung die Auffassung der organischen Herkunft des Erdöls und wies die Annahme der „Anorganiker", daß das Erdöl anorganischen Ursprungs sei, zurück. Ein zusammenfassender Bericht von E. Kautzsch über die Tagung war bereits im Jg. 5 (1959), S. 219—222 unserer Zeitschrift erschienen, auf den hiermit noch einmal hingewiesen sei.

E.

Neuerscheinungen und Literaturhinweise

Autorenkollektiv

Untersuchungen zur experimentellen und technischen Petrographie und Mineralogie, Bd. III
(Arbeiten des Instituts für die Geologie der Erzlagerstätten, für Petrographie, Mineralogie und Geochemie der Akademie der Wissenschaften der UdSSR)

Isd-wo AN SSSR, 1960. — 112 S.

Weber, W. W. u. a.

Die Bitumenbildung in quartären Sedimenten und die Genese des Erdöls

Gostoptechisdat, 1960. — 240 S.

Jacob, H.

Neuere Ergebnisse der angewandten Braunkohlenpetrologie

Berg- und hüttenm. Mh., Jg. 105 (1960), H. 2, S. 21—29

Usbekow, M. P. & S. G. Mahomedow

Die Eisenerzlagerstätte von Atansor in Kasachstan (Orig. russ.)

Gorni Journal, 1958, H. 6, S. 5—9

Iwanow, W. W. u. a.

Thallium

Isd-wo AN SSSR, 1960. — 160 S.

Vorträge zur Sitzung der internationalen Assoziation der Hydrogeologen auf der XXI. Tagung des internationalen Geologischen Kongresses

Gosgeoltechisdat, 1960. — 528 S.

Vorträge sowjetischer Geologen zu Problemen der XXI. Tagung des Internationalen Geologischen Kongresses Problem 11. Regionale und strukturelle Probleme der Erdölgeologie

Isd-wo AN SSSR, 1960. — 320 S.

Mindeli, E. & N. F. Kussow

Der Einfluß der wichtigsten Faktoren auf die Bohrgeschwindigkeit

Ugol, 1959, H. 7, S. 33—36

Ostrowskij, A. P.

Aussichten für neuartige Bohrverfahren

Neft. Chosj., 1959, H. 9, S. 12—15

Stschazow, N. I. & A. P. Smirnow

Niederbringen tiefer Bohrlöcher in den USA

Gostoptechisdat, 1960. — 192 S.

Nachrichten und Informationen

Chemieproduktion der ČSSR

Im Jahre 1965 soll folgende Produktion erreicht werden:

1 Mill. t Schwefelsäure
3 Mill. t Treibstoffe
300000 t Stickstoffdünger
180000 t Phosphordünger
über 100000 t Chemiefasern

Zu diesem Programm bemerkt J. Neumann, Erster Stellvertreter des Ministers für chemische Industrie der ČSSR in „Chemicky Průmysl" (Prag), Nr. 1/1960:

„Rohstoffmäßig ist diese Entwicklung durch die Zusammenarbeit mit den Mitgliedstaaten des Rates für gegenseitige Wirtschaftshilfe, insbesondere mit der Sowjetunion, gesichert.

Das Rohöl, das bekanntlich durch Rohrleitungen in die ČSSR geliefert wird, wird eine neue Basis für unsere Chemie mit einem hohen Nutzeffekt sein. Auf ihr bauen wir nicht nur die Treibstofferzeugung, sondern auch die grundlegende organische Synthese sowie die Produktion von Plasten und Synthesefasern auf. Ein neuer Rohstoff ist auch das Erdgas der südwestlichen Slowakei. Die Ausnutzung von Kokereigas aus den ostslowakischen Eisenhütten bei Košice und der Übergang zur Verbrennung elementaren Schwefels an Stelle von Pyriten sind weitere bedeutungsvolle Umwälzungen auf dem Gebiet unserer Rohstoffversorgung. Hohe Produktionsaufgaben stellt der dritte Fünfjahrplan: Die Selbstkosten sollen in der Industrie um 12% gesenkt, die Arbeitsproduktivität um 62% erhöht werden. Die Gewinne werden laut Plan um 3,9 Mrd. Kčs ansteigen." E.

Lagerstättenkarte von Zentralasien

Nachdem vor zwei Jahren eine Karte vom westlichen Teil Zentralasiens erschienen ist, wurde nun von dem zentralasiatischen Institut für Geologie und Lagerstättenerkundung eine Karte 1:500000 des östlichen Teiles herausgegeben. Sie umfaßt Teile von Usbekistan, Kirgisien, Tadshikistan, Turkmenien und Südkasachstan. Im sowjetischen Zentralasien sind bisher 150 Lagerstättentypen mit insgesamt 4500 größeren Vorkommen festgestellt worden. Etwa 500 von diesen werden bereits ausgebeutet. Die Karte des östlichen Teiles von Zentralasien weist 3800 größere Vorkommen auf, davon 128 Erdöl- und Erdgas- und 243 Kohlenlagerstätten. Das kartierte Gebiet enthält weiter große Erzvorräte, wie 183 Eisen- und Manganlagerstätten, 720 Lagerstätten von Nichteisenmetallen und 467 Vorkommen seltener Metalle. Von Lagerstätten der Nichtmetalle (Schwefel, Salze, Spate usw.) sind etwa 700 aufgeführt. E.

Geologische Forschungen in Nordrhodesien und Tanganjika

Eine Gruppe von 30 Geologen untersucht von Losaka, der Hauptstadt Nordrhodesiens, aus größere Gebiete im südlichen Hochland von Tanganjika. Das Feldquartier liegt in Chunga. Von dort erstreckt sich das Erkundungsgebiet in nördlicher Richtung bis zur Grenze von Ruanda-Urundi. Die chemische und petrographische Untersuchung der gesammelten Proben findet in Losaka statt. In die Forschungen ist auch ein 300000 km² umfassendes Gebiet in Nordrhodesien eingeschlossen, um die dortigen Perspektiven einer eingehenden Lagerstättenforschung abzuschätzen. E.

Die mineralischen Rohstoffe der Mali-Föderation

Die Mali-Föderation umfaßt eine Fläche von 1397000 km². Davon entfallen auf den Sudan 1200000. Von der Bevölkerung von 6,1 Mill. wohnen 3,8 Mill. im Sudan. In der Nähe von Dakar wird in Taiba ein größeres Phosphatvorkommen abgebaut. Im Januar 1960 wurde im Küstengebiet bei Dakar ein vielversprechendes Erdölvorkommen entdeckt. Seesalz wird in den Salinen von Sine-Saloum bei Kaolack gewonnen. 1958 waren es 7100 t. Die geologischen Forschungen sollen vor allem auf Erdöl vorangetrieben werden. $^9/_{10}$ des Territoriums sind mit Sedimenten bedeckt. Im Becken des Senegal werden weitere Erdöl- und Erdgasvorkommen vermutet, im Sudan laufen die Vorerkundungsarbeiten an.

Die Phosphatvorräte bei Taiba und Pallo wurden auf mehrere Mill. t 50—60prozentiges Trikalziumphosphat berechnet, davon 4 Mill. t mit mehr als 80%. Das einzigartige Aluminiumphosphatvorkommen von Pallo eignet sich sowohl zur Herstellung künstlicher Düngemittel als auch zur Tonerdeproduktion.

An der Küste treten schwarze Sande mit Schwermineralien auf. Bisher wurden in dem Aufbereitungswerk von Djiffère 30000 jato Ilmenit, 1000 jato Rutil und 5000 jato Zirkon gewonnen. Der an Schwermineralen besonders reiche Distrikt Joal liegt 100 km von Dakar entfernt.

Gegenwärtig werden näher untersucht:

Eisenerze — in der Region Kédougou, Bauxit — in der Region Bamako, Lithium — in der Region Bougouni, Phosphate — im Tal des Tilemsi (Sudan) und an mehreren Stellen in Senegal, Mangan — in der Region Ansongo, Kimberlitpipes — in der Region Kénieba, Erdöl — in den drei Ablagerungsbecken Malis. E.

Aus dem Kongo

In Elisabethville (170000 Einwohner, davon 1400 Weiße) herrscht die Union Minière du Haut Katanga (Bergbau Union von Katanga). Ihre Konzessionsgebiete sind größer als die Hälfte von Belgien. Sie beschäftigt 2200 Angestellte und 21150 farbige Arbeiter und produzierte 1959:

280000 t Kupfer (7,7% der Welterzeugung ohne die Sowjetunion),
8431 t Kobalt (etwa $^2/_3$ der Weltproduktion),
19660 kg Germanium und größere Mengen von Uran-, Radium- und Zinkkonzentraten

Das aufbereitete Uranerz und das Germanium werden in Hoboken bei Antwerpen weiterverarbeitet. Mitte Mai 1960 wurde die Kupferhütte in Luilo in Betrieb genommen, deren Kapazität zunächst 50000 jato beträgt und demnächst auf 100000 jato erhöht werden soll. Die benötigte Kohle wird aus Luena (1959: 247000 t) und aus Bulawajo (Rhodesien, 1959 560000 t Kohle und 185000 t Koks) bezogen.

Neben den großen Industriezentren von Leopoldville und Katanga hat vor allem in der Provinz Kasai (Diamanten) und im Osten des Kongo (Zinn und Gold) eine punktförmige Industrialisierung eingesetzt, die wie in Katanga den mineralischen Rohstoffen folgt. Die Diamanten von Kasai stehen in der Ausfuhrbilanz des Kongo nach Kupfer und Kaffee an dritter, Zinn an sechster Stelle. 1959 wurden 14,3 Mill. Karat Rohdiamanten (über die Hälfte der Weltproduktion) in Kasai gewonnen. Im Nordosten produzierten 1958 die Goldgruben von Kilo-Moto 7134 kg Gold. An Zinn exportierte der Kongo einschließlich Ruanda-Urundi 7960 t im Jahre 1958. E.

Erdöl/Erdgas

Erdgas in Landshut

Seit dem 1. 4. 1960 sind die Steinkohlengasanlagen der bayerischen Stadt Landshut stillgelegt worden. Die Stadt wird jetzt mit Stadtgas versorgt, das durch Spaltung von Erdgas hergestellt wird. Die Kapazität der Spaltanlage erreichte 40000 Nm³/h. Für den Fall, daß das Erdgas einmal ausfallen sollte, kann die Anlage mit Flüssiggas betrieben werden. E.

Erdölproduktion des Pariser Beckens

Das Bureau de Recherche de Pétrole teilte im April 1960 über die Produktivität der Felder des Pariser Beckens mit:

Feld Coulommes, entdeckt Februar 1958, 26 fördernde Sonden, Tagesproduktion 600—650 m³.

Feld Châteaurenard, entdeckt 1958, 4 fördernde Sonden, Tagesproduktion 60 m³.

Feld Chailly, entdeckt Oktober 1958, 19 produktive Sonden, Tagesproduktion 220 m³.

Feld Brie-Chartrettes, 7 fördernde Sonden, Tagesproduktion 60 m³.

Feld Saint-Martin-de-Bossenay, entdeckt März 1959, 8 fördernde Sonden, Tagesproduktion 400—450 m³.

Feld Villemer, entdeckt Oktober 1959, 3 fördernde Sonden, Tagesproduktion 80 m³.

Die Gesamtproduktion des Pariser Beckens belief sich Ende April 1960 auf etwa 1500 m³ pro Tag bzw. 450000 t pro Jahr; sie wird sich im laufenden Jahr also mehr als verdoppeln (1958: 220000 t). E.

Hollands Gasversorgung

Erdgas deckt zur Zeit 25% des holländischen Gasbedarfs. Es wird mit 8800 Kcal/m³ in die Fernleitungen eingespeist. Die kleineren und mittleren Ortsgaswerke formen das Gas nicht um, sondern geben es als fast reines Methan an ihre Verbraucher ab. Die Werke der Großstädte mindern den Heizwert durch Spaltung auf 4200 Kcal/m³ herab. So werden in Südholland in die Gasnetze von Rotterdam und Den Haag gespaltene Erd- und Raffineriegase mit 4200 Kcal/m³ eingeschleust. Das Elektrizitätswerk Leiden und das Stickstoffwerk der Hochöfen in Ymiden verarbeiten das sehr feuchte westholländische Erdgas, das sich zur direkten Verheizung wenig eignet. Auf 4200 Kcal/m³ umgerechnet, liegt der Preis für Erdgas frei Ferngasleitung im Ortsgaswerk um rd. 3,3 Pf. je m³ niedriger als für Steinkohlengas. E.

Erdöl und Erdgas in Indien

Nach „Petroleum Press Service" (London) Nr. 9, 1959 hat die indische Regierung der Entwicklung der Erdölwirtschaft die höchste Vordringlichkeitsstufe zuerkannt.

In Indien werden heute nur 400000 jato Erdöl gefördert, die hauptsächlich aus dem Felde Digboi in Oberassam kommen, das schon 1889 entdeckt wurde. Aber in ein bis zwei Jahren, wenn die in der Nähe von Digboi gelegenen Gebiete Nahorkatija und Moran nach Fertigstellung von Pipelines und Raffinerieanlagen mit der vollen Förderung beginnen können, soll die Förderung auf fast 3 Mill. t steigen. Die erste der beiden Raffinerien in Gauhati (Assam) soll 1961 in Betrieb kommen und wird durch eine 432 km lange 40,6-

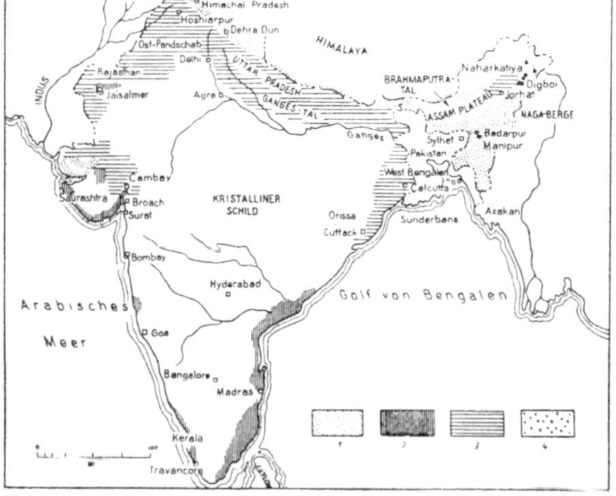

Erdölhöffige Gebiete Indiens

1 — Becken, deren Sedimente durch orogene Vorgänge gefaltet und zu Mittelgebirgen umgeformt wurden. 2 — Becken, deren Sedimente durch Epirogenese oberflächennah lagern. 3 — Becken unter Alluvionen, Wüstensanden und Salzseen. 4 — Becken im Vorküstengebiet.

cm-Rohrleitung mit dem Feld verbunden. Die Pipeline wird später um weitere rund 720 km zur Belieferung der zweiten geplanten Raffinerie bei Barauni (Bihar) verlängert.

In Nahorkatija ist man auch auf recht große Erdgasvorkommen gestoßen, und nach der Deckung des an Ort und Stelle erwarteten Bedarfs glaubt man, täglich 1,7 bis 2,9 Mill. m³ Erdgas für andere Zwecke gewinnen zu können. Da es in der Nähe des Feldes keine Absatzgebiete gibt, ist die Errichtung einer Düngemittelfabrik mit einer Kapazität von 50000 jato Reinstickstoff geplant.

Die Erdöl- und Erdgaskommission ist vor kurzem auch bei Dschawalamuchi im Ost-Pandschab auf Erdgas und bei Kampay auf Erdöl gestoßen. Die Karte über die ölhöffigen Gebiete Indiens ist dem „Oil- and Gasjournal" vom 7. 9. 1959 (S. 263) entnommen.

Weiterhin sollen an Energierohstoffen 30000 t U und 500000 t Th vorhanden sein. Für 1960 sieht der Plan eine Kohlenförderung von 60 Mill. t, für 1965 eine solche von 100 Mill. t vor. Die zur Zeit fördernden Kohlenreviere liegen alle im Nordosten Indiens in Bihar und Bengalen. E.

Die Öl- und Gasfelder Pakistans

Die beiden Kartenskizzen sind der „Petroleum Times" vom 29. 1. 1960, S. 75, entnommen. Sie zeigen die beiden im NE von Ostpakistan liegenden Gasfelder, das westliche Chatakfeld und das östlich von ihm gelegene Sylhetfeld.

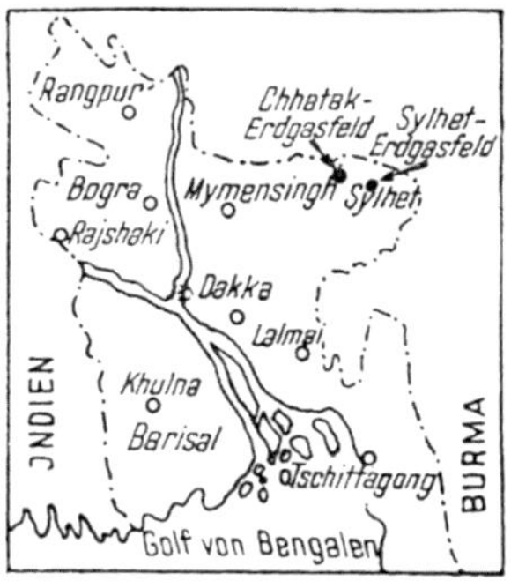

Abb. 1. Gasfelder Ostpakistans

Abb. 2. Öl- und Gasfelder Westpakistans

Die wichtigste Lagerstätte von Westpakistan ist das Sui-Gasfeld, von dem der südliche Zweig der Fernleitung zur Hauptstadt Karatschi und der nördliche nach Mustan verläuft. Im Norden von Westpakistan liegen das Karsal- und das Potwar-Ölfeld.

Erze

Vom finnischen Erzbergbau

Die finnische Regierung hatte vor Jahren eine Kommission zur Untersuchung der Perspektiven des Erzbergbaus gebildet. In dem nun vorliegenden Bericht wird eine stärkere Unterstützung der geologischen Forschungs- und Erkundungsarbeiten sowie ein verbesserter geologischer Unterricht in Schulen und Hochschulen gefordert. Von den seit 1930 in Betrieb genommenen acht Erzgruben förderten Ende 1958 nur noch drei. Die Erschöpfung einiger Lagerstätten berührte den finnischen Bergbau nur wenig, da auf neu entdeckten Vorkommen demnächst mit dem Abbau begonnen werden wird (Nickelbergwerk in Kotalahti, Eisenerzgruben in Jussarö, Nyhamm und Kärväsvaara, Bleigrube Körsnäs, Kupfergrube Luikonlahti).

Die finnische Erzproduktion der letzten Jahre betrug (nach Montanarchiv Nr. 45 vom 10. 6. 1960):

	1957	1958
	t	t
Pyritkonzentrate	297000	255000
Eisenerzkonzentrate	210000	215000
Ilmenitkonzentrate	106000	106000
Zinkerzkonzentrate	81000	85600
Bleierzkonzentrate	4500	4000
Vanadinpentoxyd	469	700
Wolframkonzentrate	—	318
	kg	kg
Silber	11620	17442
Selen	4182	5921
Gold	696	786

E.

Schwedische Eisenerze

Der schwedische Eisenerzexport macht etwa 8—10% des Gesamtexportes aus. Von ihm werden rd. 40% des belgischen, 30% des westdeutschen und fast 20% des britischen Bedarfs gedeckt. Die Prozentsätze beziehen sich auf den Eisengehalt des Importerzes. Während die Qualitätserze aus Mittelschweden auch heute noch zum überwiegenden Teil die Rohstoffgrundlage für die Eisen- und stahlverarbeitende Industrie bilden, werden aus den lappländischen Erzvorkommen des Polarkreises rd. 75% der gegenwärtigen schwedischen Eisenerzgewinnung gefördert und zum großen Teil exportiert. E.

Aufschluß indischer Kupferlagerstätten

Die indische Regierung beabsichtigt, die Kupferlagerstätten in Bihar, Rajastan und Sikkim so intensiv abzubauen, daß ihre Erze den indischen Kupferbedarf decken können. Noch 1960 soll die Erzförderung in Khatri (Rajastan) und später in Daribo aufgenommen werden. Aus beiden Lagerstätten erhofft man ein größeres Cu-Ausbringen als aus den Gruben von Singhbum in der Provinz Bihar. Bis Ende 1963 hofft man die Selbstversorgung an Kupfer erreicht zu haben. E.

Jugoslawisches Quecksilber

Die jugoslawischen Quecksilbergruben von Idrija werden gegenwärtig modernisiert. Dadurch wird es möglich sein, 91% statt bisher nur 85% der Roherze auszubeuten. Die in der europäischen Quecksilberproduktion an dritter Stelle stehenden Idrijagruben werden künftig den inländischen Mehrverbrauch befriedigen und darüber hinaus mehr als 400 jato vorwiegend nach Westdeutschland, Frankreich und der Schweiz exportieren können. E.

Salze, Steine, Erden

Westdeutsche Kaliindustrie

Der Düsseldorfer „Industriekurier" vom 28. 5. 1960 beschäftigt sich mit der westdeutschen Kaliindustrie. Danach werden 1959 etwa 1,87 Mill. t K_2O exportiert. Auf den Exportmärkten befindet sich das westdeutsche Kali in Konkurrenz mit Exporten aus Frankreich, den sozialistischen Ländern und den USA.

60% der ursprünglichen gesamtdeutschen Erzeugungskapazitäten liegen in der DDR, die über 1,5 Mill. t K_2O produziert und eine Fördersteigerung auf 1,9 Mill. t K_2O vorbereitet. Schon 1958 konnten 0,44 Mill. t K_2O aus der DDR nach westlichen Ländern exportiert werden. Zur Zeit rangiert die DDR an dritter Stelle hinter den USA (über 2 Mill. t K_2O) und Westdeutschland. Die westdeutschen Geologen schätzen die Vorräte der Bundesrepublik „zwischen 2 und 20 Milliarden t effektiv. Auf Grund der speziellen Struktur dieser Lagerstätten sind viele Unsicherheiten gegeben, wodurch diese starke Differenz zustande kommt."

In Niedersachsen wird die mittlere Teufe mit 800 m, im Werra—Fulda-Gebiet mit 700 und im Elsaß mit 900 m angegeben. Im Kalibecken von Carlsbad (USA) erreicht die mittlere Teufe nur 300 m. Flache Lagerung und große Mächtigkeiten bilden bessere Voraussetzungen für die Mechanisierung und bedingen niedrigere Förderkosten als in Westdeutschland.

Die westdeutsche Kaliproduktion entwickelte sich in den letzten 10 Jahren folgendermaßen:

Jahr	Produktion t K_2O	Absatz insgesamt t K_2O	davon Inland t K_2O	Bruttoanlage-Investitionen Mill. DM
1948	542534	553900	501200	
1949	748852	721400	591900	45,915
1950	907101	876200	576300	33,035
1951	1097373	1137200	755000	56,160
1952	1305844	1093100	730900	65,555
1953	1319558	1420800	830300	63,405
1954	1615706	1563600	900600	67,220
1955	1699823	1577300	898800	62,825
1956	1654452	1732500	948500	80,430
1957	1691359	1718500	1048000	52,688
1958	1708194	1742700	1106700	

Der beste Abnehmer westdeutscher Kalierzeugnisse ist England, dann folgen die USA, Dänemark, Japan, Holland und Belgien. Große Hoffnungen setzt man auf eine Exportausweitung nach den Entwicklungsländern, in denen mineralische Düngung meistens noch unbekannt ist. Ebenso will man die Produktion von Misch- und Volldünger intensivieren, nachdem bereits 1958 etwa 33% des exportierten Reinkalis auf Volldünger und Mischdünger entfielen. Für das Bundesgebiet wird ein jährlicher Anstieg des Verbrauches von 3—4% für die nächsten Jahre angenommen. E.

Italienische Kaliförderung

In San Cataldo (Sizilien) wird seit dem vergangenen Jahr Kainit abgebaut. In Campofranco werden Flotationsanlagen der Montecatini errichtet, die es ermöglichen, eine Tagesförderung von 3000 t Kainit aufzubereiten. Die Anlagen haben insgesamt eine Jahreskapazität von 35000 t Ammoniak, 210000 t Superphosphat, 200000 t Kalisulfat, und 100000 t Volldünger. Die Lagerstätte Pasquasia, die eine Durchschnittsteufe von 800 m besitzt, wird eine Jahresproduktion von etwa 1,8 Mill. t Rohsalz erreichen. Sizilien beginnt damit ein so bedeutender Kaliproduzent zu werden, daß sich die italienische Wirtschaft weitgehend von der Kalieinfuhr unabhängig machen kann. E.

Sonstiges

Weltgewinnung von Primärenergie[1])

Jahr	Steinkohle Mill. t	Braunkohle Mill. t	Erdöl Mill. t	Erdgas Mrd. m^3	Wasserkraft kWh	zusammen Mill. t SKE
1900	701,0	71,5	20,5	3,6	40,0	767,3
1913	1216,0	128,8	53,8	16,5	120,0	1372,6
1928	1357,2	219,4	184,2	47,0	125,0	1752,4
1932	952,3	170,2	180,7	48,6	140,0	1330,5
1943	1533,8	348,0	290,0	106,4	220,0	2201,2
1945	1166,7	211,9	351,4	123,1	260,0	1896,6
1950	1424,2	381,9	522,8	206,9	287,5	2562,4
1951	1496,7	412,9	592,0	232,8	362,0	2779,9
1952	1490,3	436,6	623,9	250,4	385,9	2852,2
1953	1488,2	466,2	659,1	265,8	399,0	2930,1
1954	1467,9	494,7	690,3	278,8	420,8	2982,1
1955	1596,5	535,2	791,6	300,4	472,1	3293,7
1956	1685,4	564,9	859,7	325,9	513,6	3523,9
1957	1732,4	593,2	904,1	354,1	547,6	3681,9
1958	1819,9	614,9	926,8	380,4	604,3	3851,7
1959	1885,5	620,3	977,0	385,0	615,0	3993,0

[1]) „Glückauf", H. 15 vom 16. 7. 1960 E.

Ungarns Montanindustrie 1959[1])

	Menge	Zunahme oder Abnahme gegenüber 1958 in %
Kohle	25,3 Mill. t	+ 5
Elektroenergie	7,1 Mrd. kWh	+ 9
Erdöl	1,0 Mill. t	+ 25
Bauxit	957000 t	+ 9
Roheisen	1,1 Mill. t	± 0
Rohstahl	1,75 Mill. t	+ 8
Walzware	1,14 Mill. t	+ 6
Aluminium	45700 t	+ 10

[1]) Nach Angabe des Budapester Zentralamtes

Westdeutsche Wirtschaft und Statistik

Dem Bergbaujahrbuch 1958/59 entnahmen wir folgende Angaben über die westdeutschen Bergbauzweige:

Die Haldenbestände an Steinkohlen stiegen 1958 von 0,75 Mio t auf 13 Mio t an und erreichten im Juni 1959 bereits 16,42 Mio t (davon 10,64 Mio t Kohlen und 5,78 Mio t Koks). Hinzu kommen noch anomal hohe Bestände bei den Verbrauchern, die auf etwa 11 Mio t geschätzt werden.

Im Braunkohlenbergbau ging 1958 die Förderung von 96,8 Mio t Rohbraunkohle auf 93,5 Mio t zurück.

Im Eisenerzbergbau trat ein Förderrückgang von rund 10% ein, im Schwefelkiesbergbau ging die Förderung von 596000 t auf 551000 t, d. h. um 7,6%, zurück.

Im Metallerzbergbau zwingt die Überproduktion von Blei und Zink zu weiteren Betriebsstillegungen. Der Preisverfall hält weiter an.

Die westdeutsche Kaliausfuhr ist durch die zunehmende Konkurrenz der Kali-Industrie der DDR zurückgegangen.
ul

Damm- und Kanalbauten im Irak

Sowjetische Geologen haben ihre Erkundungen im Stromgebiet von Euphrat und Tigris abgeschlossen. An letzterem sollen ein Kraftwerk und ein 100 m hoher Staudamm gebaut werden, der einen See von 25—30 Milliarden m^3 Wasser bilden wird. Der Wasserabfluß des Euphrat wird durch zwei Staudämme von 40 m Höhe, die je 3—4 Milliarden m^3 stauen werden, geregelt. Projektiert ist weiterhin in der Wadi-Tartar-Senke ein künstliches Meer von 55 Milliarden m^3. Das sowjetische Institut für das Zwischenstromland projektiert einen 500 km langen Sammelkanal, um salziges Grundwasser in den Persischen Golf abzuleiten. Dadurch können 3 bis 3,5 Mill. ha Land trockengelegt und bebaut werden. E.

Kurznachrichten

Nordöstlich von Groningen gibt die **Erkundungsbohrung Delfzijel 1** aus dem in 2900 m Teufe angefahrenen Zechstein täglich 250000 m^3 **Rohgas** durch eine 9-mm-Düse.

In **Nordafghanistan** wurden von sowjetischen Spezialisten große **Erdöl-** und **Erdgasvorkommen** erkundet. Es wird bereits daran gedacht, Rohöl- und Gasfernleitungen nach Indien und Pakistan zu verlegen.

Der **Nigerische** Hafen Port Harcourt ist durch eine westlich verlaufende **Fernleitung** mit dem Ölfeld Oloibiri und durch eine östlich verlaufende Linie mit dem Feld Afam verbunden. Von dort verbindet ein südlicher Zweig die Felder von Afam und von Bonu und mit dem neuen Hafen Bonny.

Die Vorräte des **Kohlenreviers** Hongay (Volksrepublik **Nordvietnam**) wurden auf 12,5 Mrd. t, die in der Nähe lagernden Eisenerze auf 600 Mill. t berechnet.

Die **Uranerzgewinnung** der **USA** erreichte 1959 mit 6,8 Mill. t im Werte von 135 Mill. **$** einen Höchststand. Sie lag um 30% über der des Vorjahrs.

Die **Atomindustrie** verbraucht in den **USA** etwa 5% der Steinkohlenförderung für die Abtrennung des Isotops 235 vom natürlichen Uran.

Die Volksrepublik **China** wird die Demokratische Republik **Vietnam** beim Bau eines **Eisen-** und **Stahlwerkes** von 100000 t Stahl unterstützen.

Mit der **Eisenerzgewinnung** im **Tagebau** wurde in **Kanada** in der Nähe des St. John-Sees begonnen. Das Erz, das nach Westdeutschland, Japan und den USA exportiert werden soll, hat einen Fe-Gehalt von 61%.

Aus **Sierra Leone** wurden 1959 fast 1,6 Mill. t **Eisenerze** exportiert.

In St. Peter-Ording (Schleswig-Holstein) befindet sich nach neuesten Untersuchungen die bisher **stärkste deutsche Schwefelquelle** mit einem Mineralstoffgehalt von 28,2 g und einem Gehalt an filtrierbarem Schwefel von 60 mg je kg.

In den **Glimmervorkommen** von **Huhchot** (Innere Mongolei) sind bereits 25 größere, mittlere und kleine Gruben und Spaltanlagen in Betrieb. Durch ein neues Spaltverfahren konnte die Produktion verdoppelt werden.

Jordanien beginnt mit dem Bau eines Werkes, das aus dem Wasser des Toten Meeres 150000 jato Kalisalze und 2500 jato Bromsalze gewinnen wird.

Sowjetische Geologen und Techniker werden bei den Sucharbeiten nach **Gold** und **Diamanten**, entsprechend einem im März 1960 abgeschlossenen Abkommen, die Republik **Guinea** unterstützen.

Auf der Halbinsel **Kamtschatka** wurde mit dem Bau des ersten **geothermischen Kraftwerkes** begonnen. Durch Bohrungen wurde Wasserdampf von 180°C und 72 t/h, der unter einem Druck bis zu 5 atü steht, aufgeschlossen.

An unsere Leser!

Zusammen mit diesem Heft erhalten Sie kostenlos eine Einbanddecke und das Inhaltsverzeichnis für Band 6 unserer Zeitschrift. Sollten einige unserer Abonnenten nicht in den Besitz der Einbanddecke gelangen, bitten wir, sich mit der Vertriebsabteilung des Akademie-Verlages in Verbindung zu setzen. *Die Redaktion*

Wir wünschen unseren Lesern, Freunden und Mitarbeitern

Ein erfolgreiches Jahr 1961

Die Redaktion der „Zeitschrift für angewandte Geologie"

*

Желаем читателям, друзьям и сотрудникам нашего журнала

Успеха в 1961 году

Редакция „Журнала прикладной геологии"

*

We wish our readers, friends and colleagues

A successful year 1961

The redaction of the „Zeitschrift für angewandte Geologie"

Herausgeber: Staatliche Geologische Kommission und Zentrale Vorratskommission für mineralische Rohstoffe der Deutschen Demokratischen Republik. Chefredakteur: Prof. Dr. Erich Lange, Berlin. Redaktion: Berlin N 4, Invalidenstraße 44. Verlag: Akademie-Verlag GmbH, Berlin W 8, Leipziger Straße 3—4 (Fernsprecher 220441, Postscheckkonto: Berlin 35021). Bestellnummer des Heftes 1047/6/12. Die „Zeitschrift für angewandte Geologie" erscheint monatlich. Bezugspreis 2,— DM je Heft. — Satz und Druck: Druckhaus „Maxim Gorki", Altenburg. Veröffentlicht unter der Lizenznummer ZLN 5008 des Ministeriums für Kultur, Hauptverwaltung Verlagswesen. Karten: MdI der DDR Nr. 5787, 5889, 6010/K 11. Printed in Germany

FSC
www.fsc.org
MIX
Papier | Fördert gute Waldnutzung
FSC® C083411

Zeitfracht Medien GmbH
Ferdinand-Jühlke-Straße 7
99095 Erfurt, Deutschland
produktsicherheit@kolibri360.de